若田光一の絶景宇宙写真とソラからの便り

tweet & message : KOICHI WAKATA(JAXA)
photo : JAXA / NASA

X-Knowledge

はじめに

JAXA宇宙飛行士の若田光一です。2013年11月に4度目の宇宙飛行へ出発しました。

　4度目の飛行は他の飛行と何が違ったかとよく聞かれますが、宇宙では毎日が新しい発見の連続です。2009年のISS（国際宇宙ステーション）長期滞在時は、現在は退役したスペースシャトル・ディスカバリーで向かい、前半の2ヶ月間はISSの滞在クルーはロシア人、アメリカ人と私の3人体制でした。ISS到着後は太陽電池パネルの基部構造の取り付け作業。ディスカバリー号が離脱後は、ISSでの実験や観測、様々なシステムのメンテナンスを行いました。

　ソユーズ宇宙船で新たな3名の仲間が到着後に初めてISS 6人体制が実現。ソユーズ宇宙船で軌道上飛行をおこなったり、地球帰還直前に到着したスペースシャトル・エンデバー号のドッキング中には日本実験棟の「きぼう」の最終組立てをするなど、4ヵ月半に渡り非常に多忙な毎日を過ごしました。

　今回の188日間に渡るISS長期滞在飛行では、米国の民間補給機やロシアの補給機も次々と発着を繰り返しており、宇宙ステーション全体の効率的な利用が進められている事を実感しました。

　また、長期滞在中の後半の約2ヶ月では、ISS第39次長期滞在クルーの船長を担当しました。自分に与えられた任務の重大さを感じながら過ごす、充実した日々でした。船長就任中におこった、米国の無人補給機の打上げ遅延による軌道上スケジュール調整は困難を極めました。予定した実験は確実に実施しなければなりません。しかし、そのために仲間の宇宙飛行士達が働き過ぎて健康を損ねる事は避けなければいけません。船長として、地上管制局との調整の中で、次々に難しい決断を下す必要がありました。また、クルー全員の士気を高く維持していくためにも、同僚とできるだけ一緒に食事をする時間を確保することを心がけていました。宇宙でも人気のある日本食を振舞うことで、笑いが絶えないリラックスした時間を過ごす事ができました。

　ISSの閉鎖環境で半年間生活する中で、皆で食事をする事と同様に、気持ちをリラックスさせてくれたのは、休息の時間などに故郷の地球を眺めることでした。暗黒の宇宙に浮かぶ、青く輝く惑星を見ながら母校の子供たちが歌ってくれた「ふるさと」の歌を聴くことで、この美しい星に生を受けた事に有り難さを感じました。それと同時に、地球の環境を、地球人全員で力を合わせて守らなければいけないと強く考えさせられました。

　今回の飛行で、地球の様々な表情、宇宙での仕事、軌道上での出来事などをツイッターを通じて全世界に瞬時に発信しました。そのツイートをご覧になり、宇宙からしか見ることができない景色に感動してくださった地上の皆さんからのリツイートで、何度も元気付けられました。

　地球に帰還した今、改めてその時の感謝の思いを込めてこの写真集を発刊します。
この本をご覧になって、地球の素晴らしさを再発見し、そして宇宙を少しでも身近に感じて戴けるきっかけになれば幸いです。

2015年4月　JAXA宇宙飛行士 若田光一

002	はじめに	023	
		024	
006		025	
007		026	
008		027	
009		028	
010		030	
011		031	
012		032	
014		034	
015		036	
016		037	
017		038	
018		040	
020		041	
021		042	
022		043	

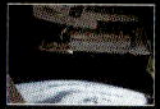

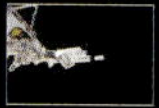

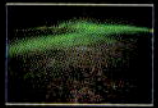

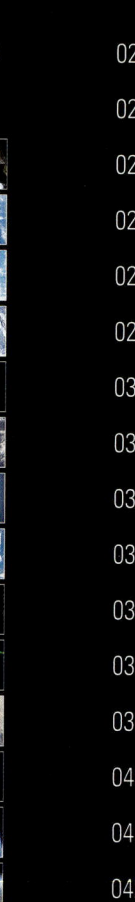

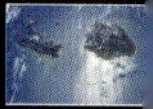

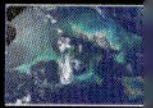

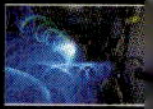

若田光一の絶景宇宙写真とソラからの便り **contents**

044	065	085	104	124
045	066	086	105	125
046	067	087	106	126
047	068	088	107	128
048	069	089	108	129
050	070	090	109	130
051	071	091	110	131
052	072	092	112	132
053	074	093	114	
054	075	094	115	033 若田飛行士の歩み
055	076	095	116	058 ミッションロゴの由来
056	077	096	118	081 Episode 1
057	078	098	119	117 Episode 2
060	079	100	120	
062	080	101	121	135 おわりに
063	082	102	122	
064	084	103	123	

005

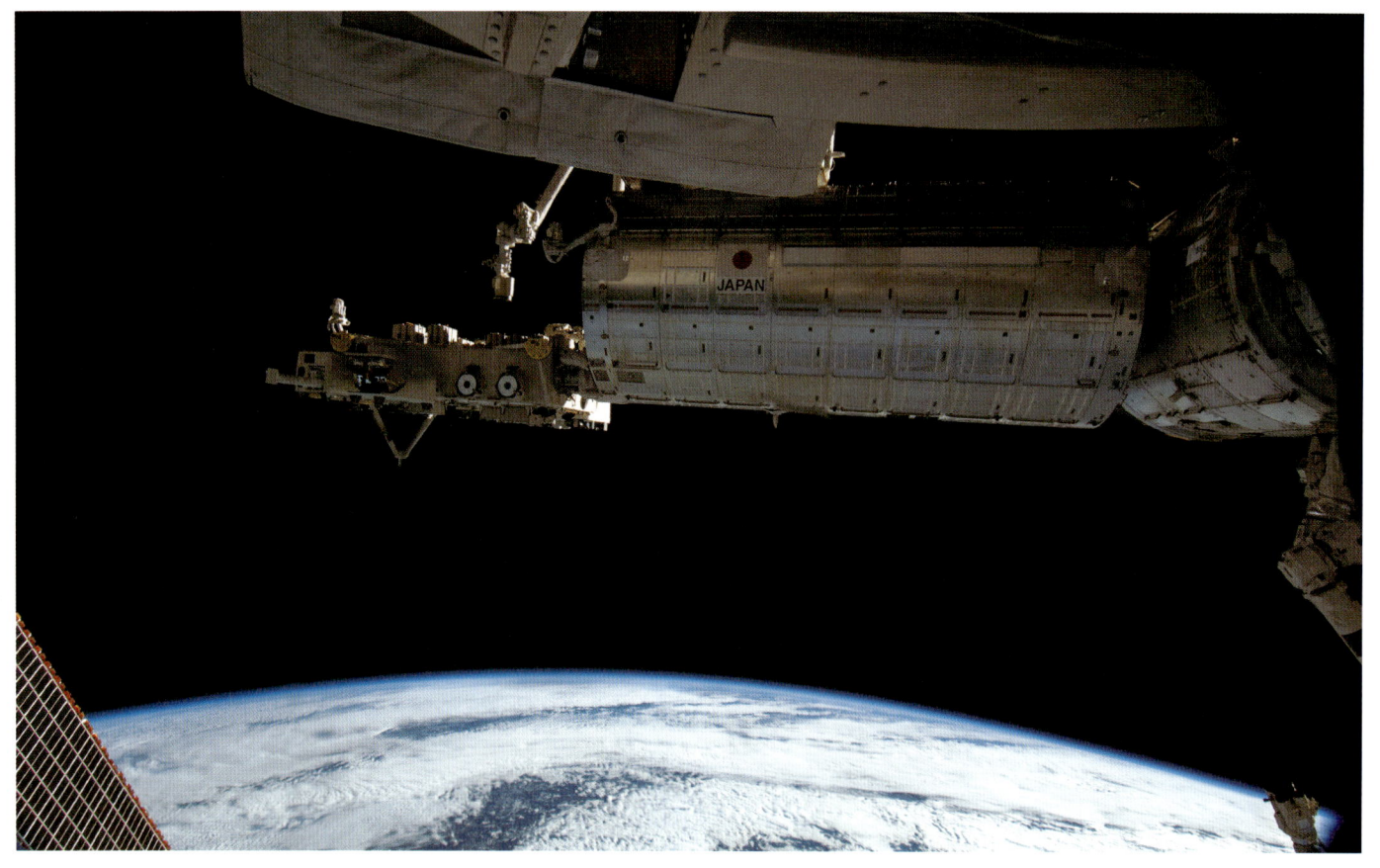

Koichi Wakata @Astro_Wakata 2013年11月13日
ISSのキューポラから撮影した「きぼう」日本実験棟。4年前の組み立てミッションの思い出が蘇ります。

215 Retweet   148 Favorite

 Koichi Wakata @Astro_Wakata 2013年11月13日
A fantastic view of the Galapagos Islands.
(ガラパゴス諸島の絶景)

116 Retweet 194 Favorite

 Koichi Wakata @Astro_Wakata 2013年11月16日
Flying over Patagonia glaciers near sunset.
（日没間近のパタゴニア氷河上空を飛んでいます）

359 Retweet　　467 Favorite

Koichi Wakata @Astro_Wakata 2013年11月18日
Lake Maracaibo, Venezuela.
(ベネズエラのマラカイボ湖)

1003 Retweet　988 ★ Favorite

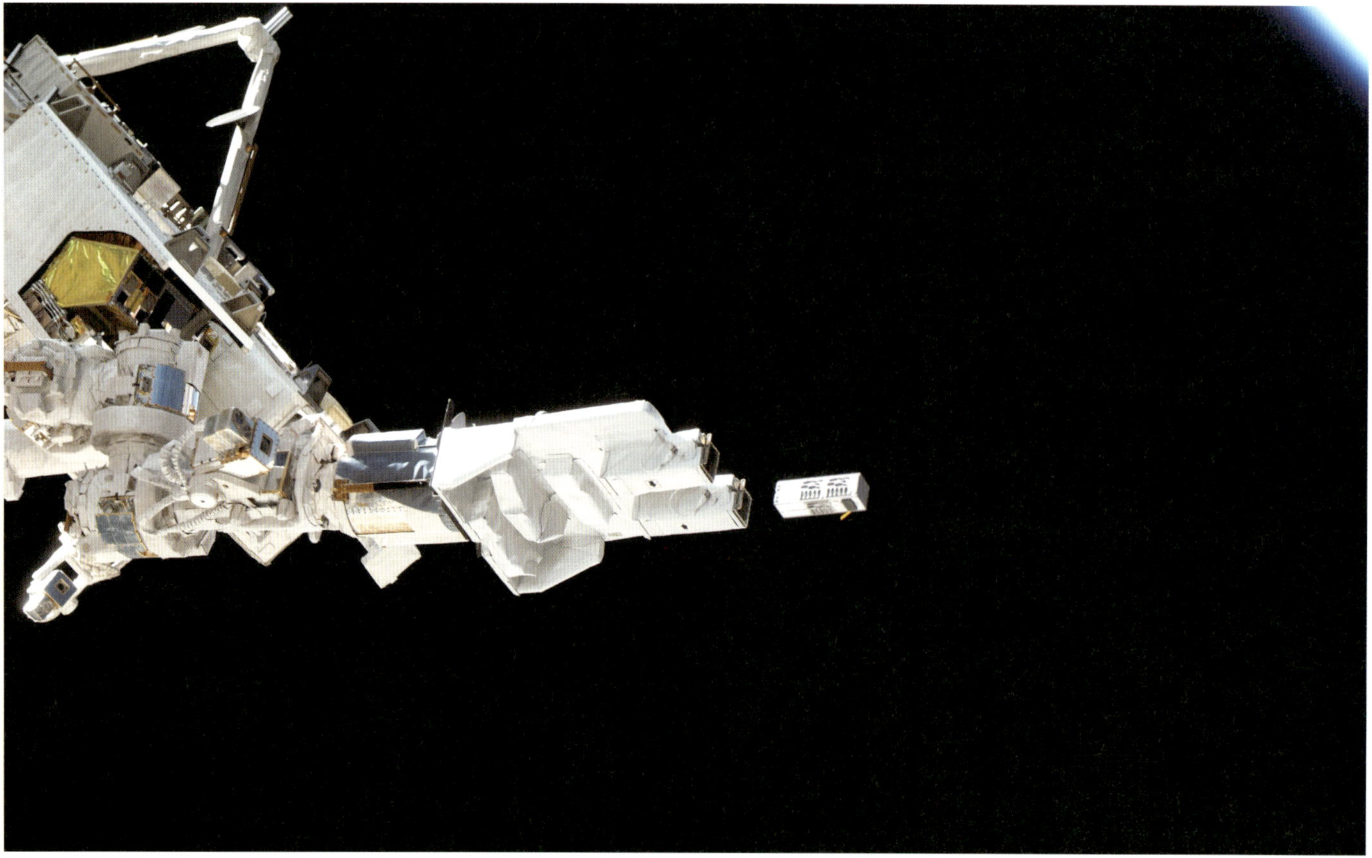

Koichi Wakata @Astro_Wakata　2013年11月20日

2nd day of small satellite deploy. KIBOTT team at Tsukuba successfully sent commands to deploy a NASA AMES satellite.

（小型衛星放出2日目。つくばにいるKIBOTTチーム*1が、NASAエイムズ研究センターの衛星の放出をコマンド）

*1:つくばにいる、「きぼう」運用管制チームのロボティクス担当。

863 Retweet　259 ★ Favorite

 Koichi Wakata @Astro_Wakata 2013年11月20日
We had a great view of my favorite islands of Galapagos this evening!
(私の好きなガラパゴス諸島が今夜はとてもきれいに見えます)

377 Retweet   **197** ★ Favorite

 Koichi Wakata @Astro_Wakata 2013年11月22日　　　**687** Retweet　　**735** ★ Favorite
We just saw Mt. Fuji just after orbital sun rise. Beautiful mountain!
（ちょうど日の出後に富士山をみました。美しい山です）

 Koichi Wakata @Astro_Wakata 2013年11月23日
関西、中部地方の昼の光景です

388 Retweet　279 Favorite

 **Koichi Wakata** @Astro_Wakata 2013年11月23日
こちらは関西、中部地方の光景です

998 Retweet　521 ★ Favorite

Koichi Wakata @Astro_Wakata 2013年11月23日

873 Retweet　407 Favorite

It looks like the Aurora curtain over Canada is extending up to about a few hundred kilometers above Earth surface.
（カナダ上空のオーロラのカーテンは、地球の表面上を数百キロにわたり広がっていくように見えます）

 Koichi Wakata @Astro_Wakata 2013年11月27日
Lake Chad -You can see the drying-out lake bed is expanding.
（チャド湖　干上がった湖の底が広がっています）

1990 Retweet　1126 Favorite

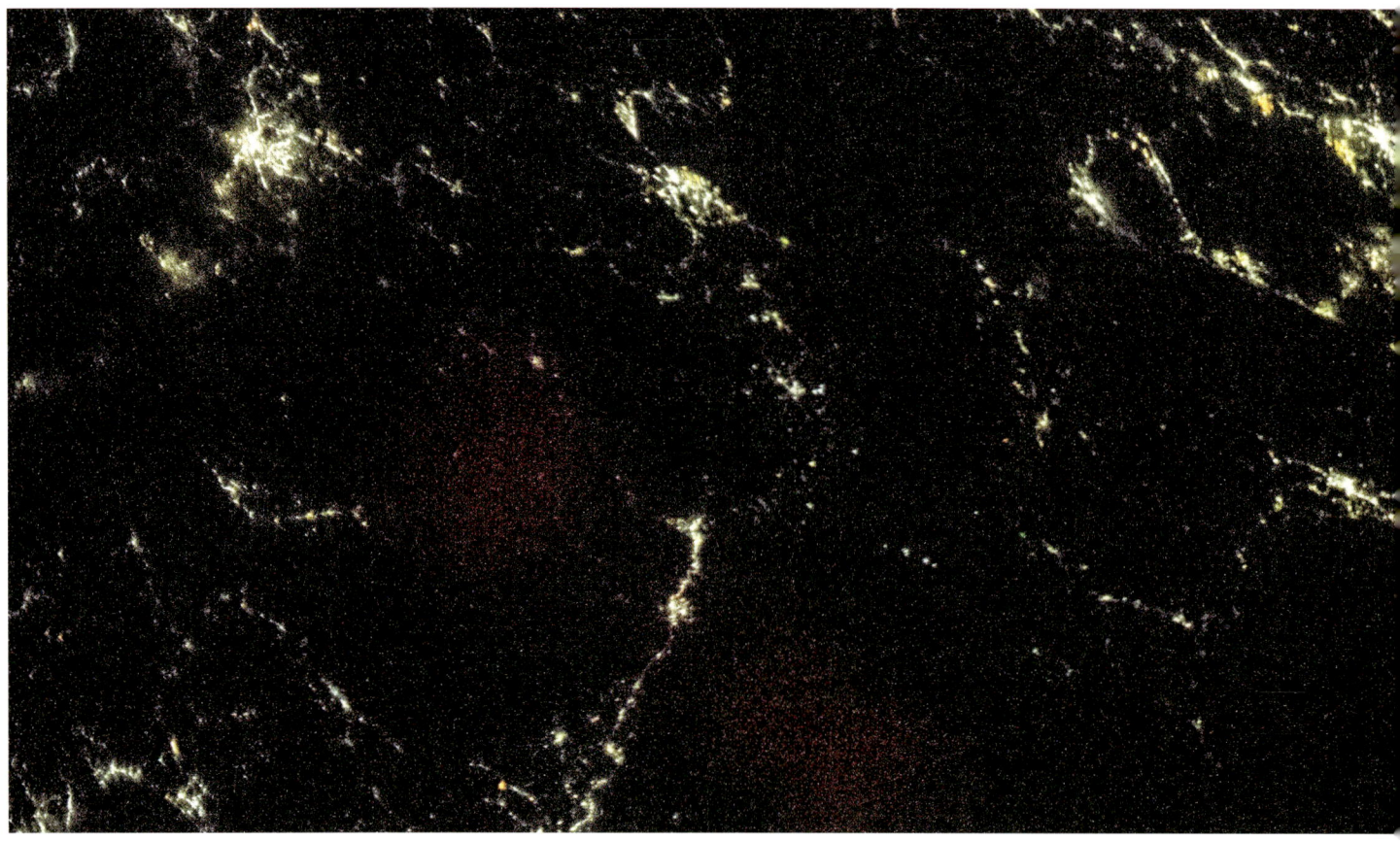

| | 907
↻ Retweet | 1008
★ Favorite |

Koichi Wakata @Astro_Wakata 2013年12月2日
We had a great pass of flying over Japan at night. The city lights are very intensive.
（夜に私たちは日本上空を通過しました。 街のネオンが集中しています）

 Koichi Wakata @Astro_Wakata 2013年12月5日
Lake Poopo, Bolivia on the right.
（右手に見えるのはボリビアのプーポ湖です）

331 Retweet　　1946 Favorite

Koichi Wakata @Astro_Wakata 2013年12月7日
Sunset time shows artistic view of the clouds and their shadow thrown onto the thin layers of the Earth atmosphere.
〈日没時には、大気の薄い層にかかる雲とその影がみせる芸術的な景色を見ることができます〉

557 Retweet   873 Favorite

		2368	456
		⇄ Retweet	★ Favorite

 Koichi Wakata @Astro_Wakata 2013年12月7日
毎日16回やって来る軌道上の夕暮れ前には雲が対流圏の一番上の方まで伸びているのが良く見えます。暗黒の宇宙を背景に大気層の薄い青い部分、赤みがかった比較的に濃い大気層、そして様々な表情を見せてくれる雲の形が印象的です

Koichi Wakata @Astro_Wakata 22:21 - 2014年12月7日
Interesting land shape in southern Australia. Looks like a fossil of an animal. The Earth is beautiful.
（オーストラリア南部はおもしろい地形をしています。動物の化石のようです）

5699 Retweet   658 Favorite

335 Retweet　863 Favorite

 Koichi Wakata @Astro_Wakata　2013年12月12日
南アフリカのケープタウン。太陽光が反射して、周辺の海の水の流れの様子が分かります

 Koichi Wakata @Astro_Wakata 2013年12月12日
ロンドン、パリ、ブリュッセル、アムステルダムなどの街がとても明るく印象的な夜景です

110 Retweet　411 Favorite

Koichi Wakata @Astro_Wakata 2013年12月14日
New Zealand at a glance. Full of vivid green.
(ふとニュージーランドが見えました。全体が鮮やかな緑です)

879 Retweet　668 Favorite

Koichi Wakata @Astro_Wakata 2013年12月15日
Flying over Himalaya. Can you tell which one is Mt. Everest?
（ヒマラヤ上空を飛行中。どれがエベレストだかわかりますか？）

333 Retweet　986 Favorite

Koichi Wakata @Astro_Wakata 2013年12月19日   348 Retweet   1298 ★ Favorite
The Nile river as seen flying north bound – opposite direction from the previous night shot.
（北へ向かう飛行中に見たナイル川　昨夜の写真とは反対方向です）

 Koichi Wakata @Astro_Wakata 2013年12月25日
New Caledonia – The largest lagoon in the world.
（ニューカレドニア　世界で一番大きなラグーンです）

4456 Retweet　701 Favorite

 Koichi Wakata @Astro_Wakata 2013年12月25日
Fiji islands. Great pass to view the beautiful islands in the Pacific Ocean.
（フィジー諸島。太平洋の美しい島々を眺めて通過していきます）

1987 Retweet　**1223** Favorite

 Koichi Wakata @Astro_Wakata 2013年12月25日
Flying over Hawaiian islands. I dream about being on the beautiful beaches.
（ハワイ諸島上空を飛行中です。自分が美しい浜辺にいるのを想像します）

369 Retweet　946 Favorite

若田飛行士の歩み

>> 1996年1月、STS-72ミッションでスペースシャトルのミッションスペシャリスト（MS）としてロボットアームで人工衛星の放出、回収、船外活動の支援などを行う（9日間）。

>> 2000年10月、STS-92ミッションでISSの建設に参加し、ロボットアームの運用を担当（13日間）。

>> 2006年7月、米国海洋大気庁（NOAA）の、「アクエリアス」と呼ばれる海底の閉鎖施設で行われた第10回NASAの極限環境ミッション運用（NASA Extreme Environment Mission Operations: NEEMO-10）でコマンダーを担当。6人のチームリーダーとして、ミッションの準備段階から各クルーの仕事の割り振りやミッション計画の策定を運用実施担当者らと実施し、7日間に渡る海底施設でのミッションを率いた。

>> 2009年3～7月、STS-119に搭乗し、NASAの太陽電池パネル基部構造のISSへの設置を行った後、ISS第18次、19次、20次長期滞在クルーのフライトエンジニアを担当、日本人として初めてISS長期滞在を実施。STS-127では打上げられた船外実験プラットフォームの取り付けを行い、「きぼう」日本実験棟の組み立て完成後に地球に帰還（137日間）。

>> 2010年3月～2011年2月、NASA宇宙飛行士室ISS運用部門のチーフを任され、ISSに長期滞在する宇宙飛行士の訓練や、長期滞在を支える各国の担当者と交渉、調整する管理職を担当。

>> 2010年4月～2012年7月、JAXA宇宙飛行士グループ長を担当。

>> 2013年11月-2014年5月、ISS第38次長期滞在フライトエンジニアおよびISS第39次長期滞在コマンダーを担当（188日）。

>> 4回の宇宙飛行における宇宙総滞在時間は347日 8時間33分。

| | 698 | 1305 |
| | Retweet | ★ Favorite |

 Koichi Wakata @Astro_Wakata 2014年1月2日
The Bahamas – one of the most beautiful places on Earth that we can view from the ISS. Rich in hues of color blue.
（バハマー国際宇宙ステーションから見ることができる、地球でもっとも美しい場所のひとつです。さまざまな青がとてもきれいです）

Koichi Wakata @Astro_Wakata 2014年1月5日
Manicouagan crater in northern Quebec, Canada. It is a huge crater.
（カナダのケベック州北部にあるマニクアガン・クレーター。 とても大きなクレーターです）

883 Retweet　799 Favorite

	668	354
	⟲ Retweet	★ Favorite

Koichi Wakata @Astro_Wakata 2014年1月6日
Another photo of "Spiral Top" developed by Dr. Takuro Osaka.
Potential of what zero-gravity can create is unlimited!
（逢坂卓郎氏発案の「スパイラルトップ」。無為力が創造できるものは無限!）

Plan : Takuro Osaka   Execution : JAXA

037

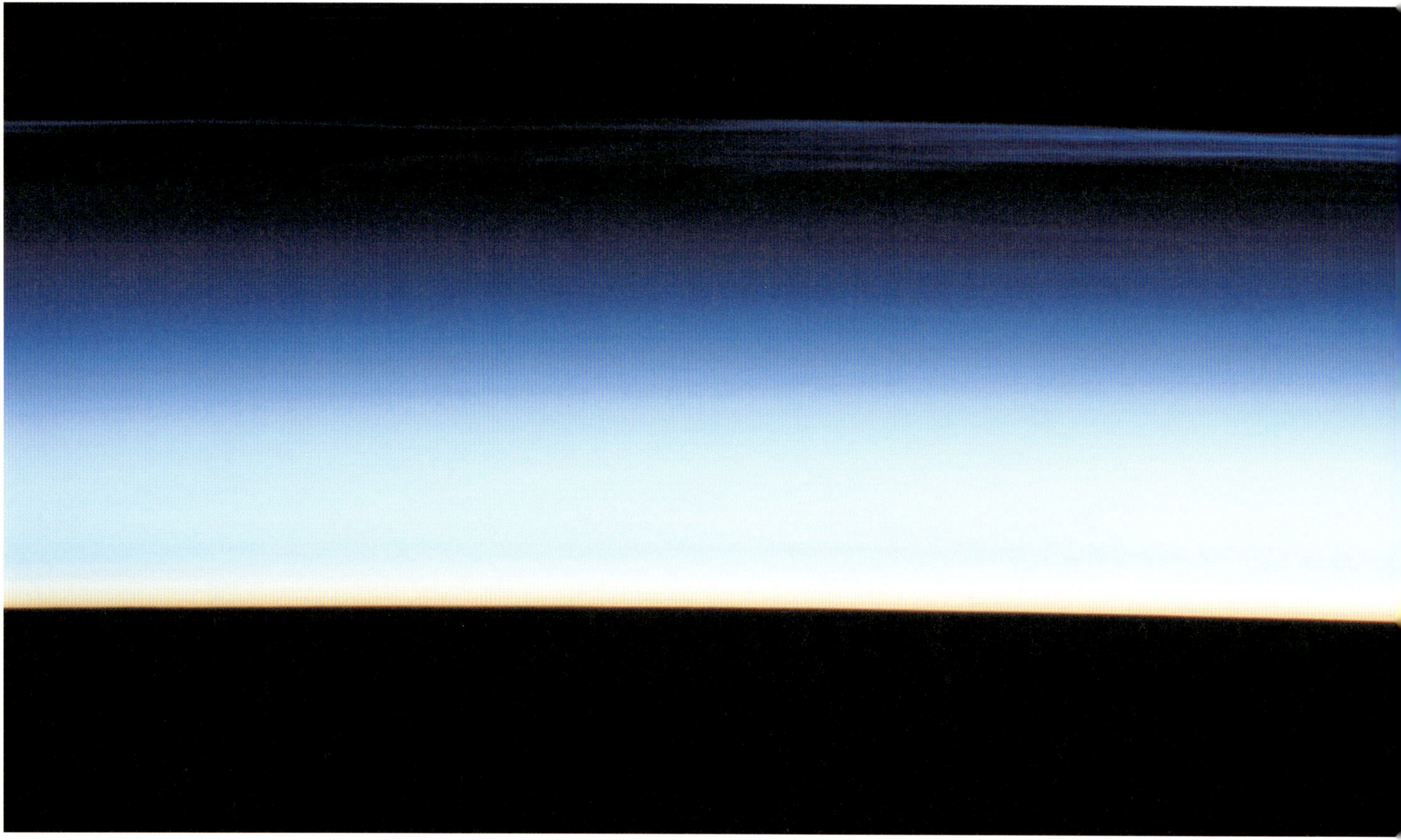

	119 ⇄ Retweet	2983 ★ Favorite

Koichi Wakata @Astro_Wakata 2014年1月19日
#Spacehaiku At dawn in January Faintly appear Noctilucent clouds Tweet your #haiku.
#宇宙俳句　明け方に　かすかに顔出す　夜光雲　あなたの俳句をつぶやいて!

Koichi Wakata @Astro_Wakata 2014年1月19日
Flew over Richat Structure, the "Eye of Sahara", in Mauritania this afternoon.
（今日の午後、モーリタニアのリシャット構造体「サハラの目」上空を飛びました）

1981 Retweet　112 Favorite

Koichi Wakata @Astro_Wakata 2014年1月25日
Christmas Island, Kiribati in the central Pacific.
Irregularly-shaped atoll with the largest land area in the world.
〔中部太平洋上にあるキリバス共和国のクリスマス島。珊瑚礁の島としては最大級の面積です〕

1983 Retweet 1025 Favorite

Koichi Wakata @Astro_Wakata 2014年1月25日
Bright city lights of Shanghai at night.
（夜、上海の街の光が輝いています）

227 Retweet　177 Favorite

Koichi Wakata @Astro_Wakata 2014年1月25日
Patagonia glacier – amazing art of the nature.
（パタゴニア氷河　壮大な自然の芸術です）

1864 Retweet　989 Favorite

Koichi Wakata @Astro_Wakata 2014年1月28日
宇宙から見る眩い東京の夜景です。5時間ほど前に通過しました。

445 Retweet　1687 Favorite

Koichi Wakata @Astro_Wakata 2014年2月1日
Crescent moon rising from the Earth atmosphere.
（大気圏から三日月がのぼる様子）

1989 Retweet　924 Favorite

Koichi Wakata @Astro_Wakata 2014年2月1日
先ほど撮影した名古屋の夜景です。本州の太平洋側は雲のないところが多かったように見えました。

633 Retweet　687 Favorite

	291	874
	⇄ Retweet	★ Favorite

Koichi Wakata @Astro_Wakata 2014年2月7日
Space haiku Smell of the Earth From the fresh green apples Just arrived on Progress tweet your haiku!
#宇宙俳句　貨物機の　地球の香り　青りんご　あなたの俳句をつぶやいて!

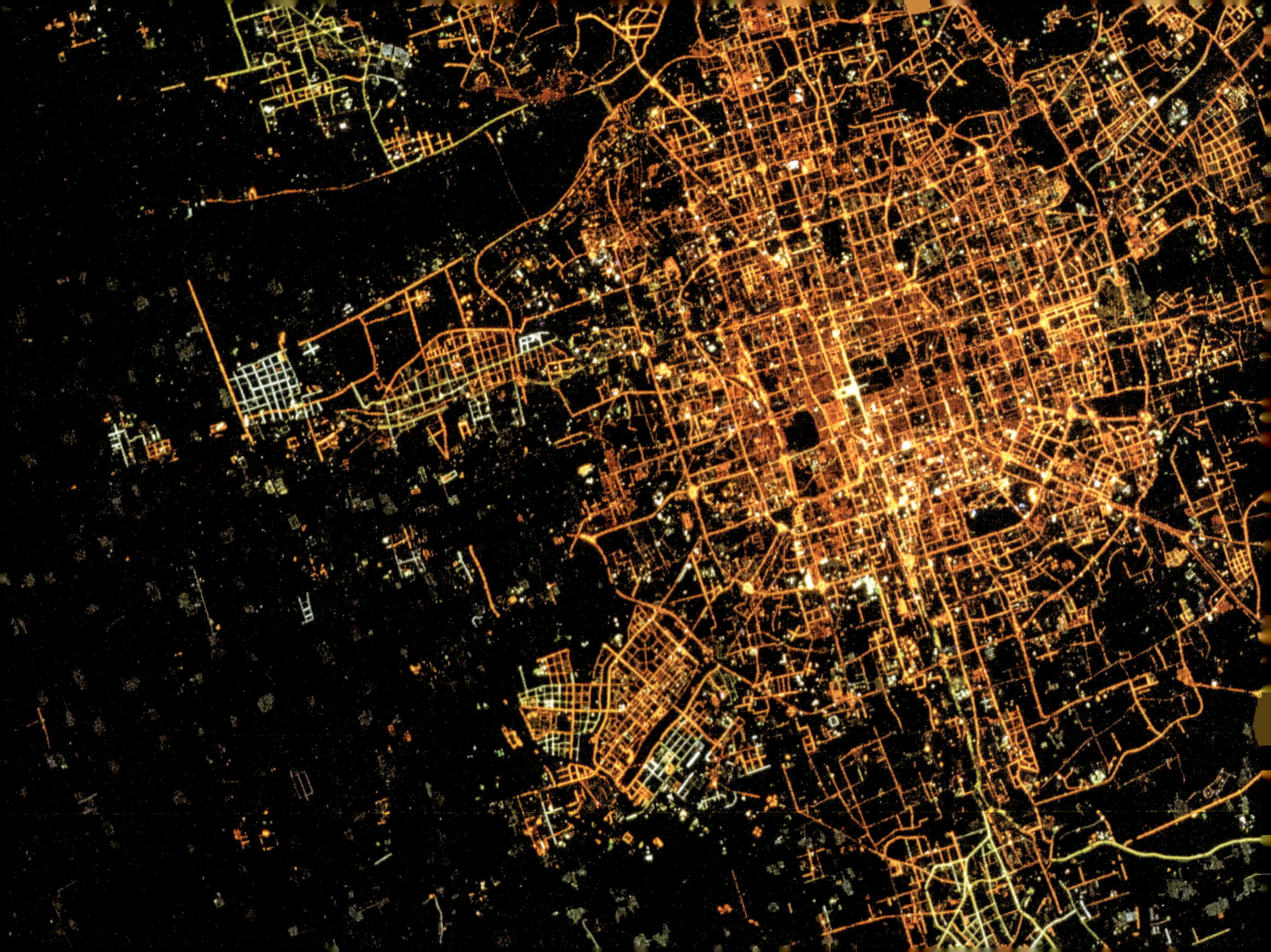

Koichi Wakata @Astro_Wakata 2014年2月8日   55   812
                                          ↻ Retweet   ★ Favorite
We had a nice pass over Beijing at night earlier today.
（今日夜に、北京上空を通過しました）

049

Koichi Wakata @Astro_Wakata 2014年2月9日
Cook Glacier on Kerguelen Island in Indian Ocean.　Known as France's largest glacier.
（インド洋にあるケルゲレン諸島のクック氷河。フランス領最大の氷河として知られています）

397 Retweet　559 ★ Favorite

Koichi Wakata @Astro_Wakata 2014年2月9日
Saw beautiful aurora over Russia earlier today.
（今日、ロシア上空で美しいオーロラを見ました）

3555 Retweet　　551 Favorite

Koichi Wakata @Astro_Wakata 2014年2月11日

498 Retweet　257 Favorite

Congratulations on the successful deploy of the satellites by the NanoRacks CubeSat Deployer and Kibo robotics!
（NanoRacks社キューブサットデプロイヤーと、「きぼう」ロボッティクスによる、衛星の放出成功おめでとうございます！）

| 445 | 654 |
| Retweet | ★ Favorite |

Koichi Wakata @Astro_Wakata 2014年2月12日
今日、九州上空から撮影した写真です。左のほうに桜島の噴煙も見えます

Koichi Wakata @Astro_Wakata 2014年2月12日
今日の富士山。頂上が雲から顔を出しているのは軌道上からも見えました

898 Retweet　369 Favorite

Koichi Wakata @Astro_Wakata 2014年2月12日
澄んだ空気に包まれた、夕暮れ前の猪苗代湖上空から撮影した写真です

656 Retweet　778 Favorite

Koichi Wakata @Astro_Wakata 2014年2月15日
We flew over Italy last night. Awesome view!
（昨晩はイタリア上空を飛びました。素晴らしい眺めでした）

773 Retweet　321 Favorite

Koichi Wakata @Astro_Wakata 2014年2月15日
Flying over Suez Canal.
（スエズ運河上空を飛行中）

167 Retweet   477 Favorite

058

ミッションロゴの由来

若田宇宙飛行士と関わりの深い野球のボールをモチーフとし、野球が持つ「お互いに支え合い、個を磨きながら共通の目標に向かう」というチームワークの精神を、ISSの長期滞在に照らしてイラスト化しました。

地球と宇宙に向かう2つのベクトルを野球ボールの縫い目に見立て、地球と宇宙の狭間でISSがその役割を担っていることを表しています。ISSが地球にもたらす恩恵や、希望を黄色の縫い目で、ISS計画から次のステップへ向かう有人宇宙探査への情熱が赤色の縫い目です。中央に配置された「和」という言葉には、若田宇宙飛行士が日本人初の船長（コマンダー）として多くのミッションをまとめることへの期待が込められています。

060

Koichi Wakata @Astro_Wakata 2014年2月15日   588 Retweet   879 Favorite

Key Largo, Florida. Reminds me of the nice memories of the @NASA_NEEMO 10 Mission at Aquarius.

（フロリダ州キーラーゴ。アクエリアス[*1]で行ったNASA NEEMO 10ミッション[*2]を思い出します。）
*1:海底実験室アクエリアス。 *2:第10回NASA極限環境ミッション運用訓練。

Koichi Wakata @Astro_Wakata 2014年2月15日
Nice view of NASA Kennedy Space Center in Florida.
（フロリダにあるNASAケネディ宇宙センターがよく見えます）

112 Retweet　778 Favorite

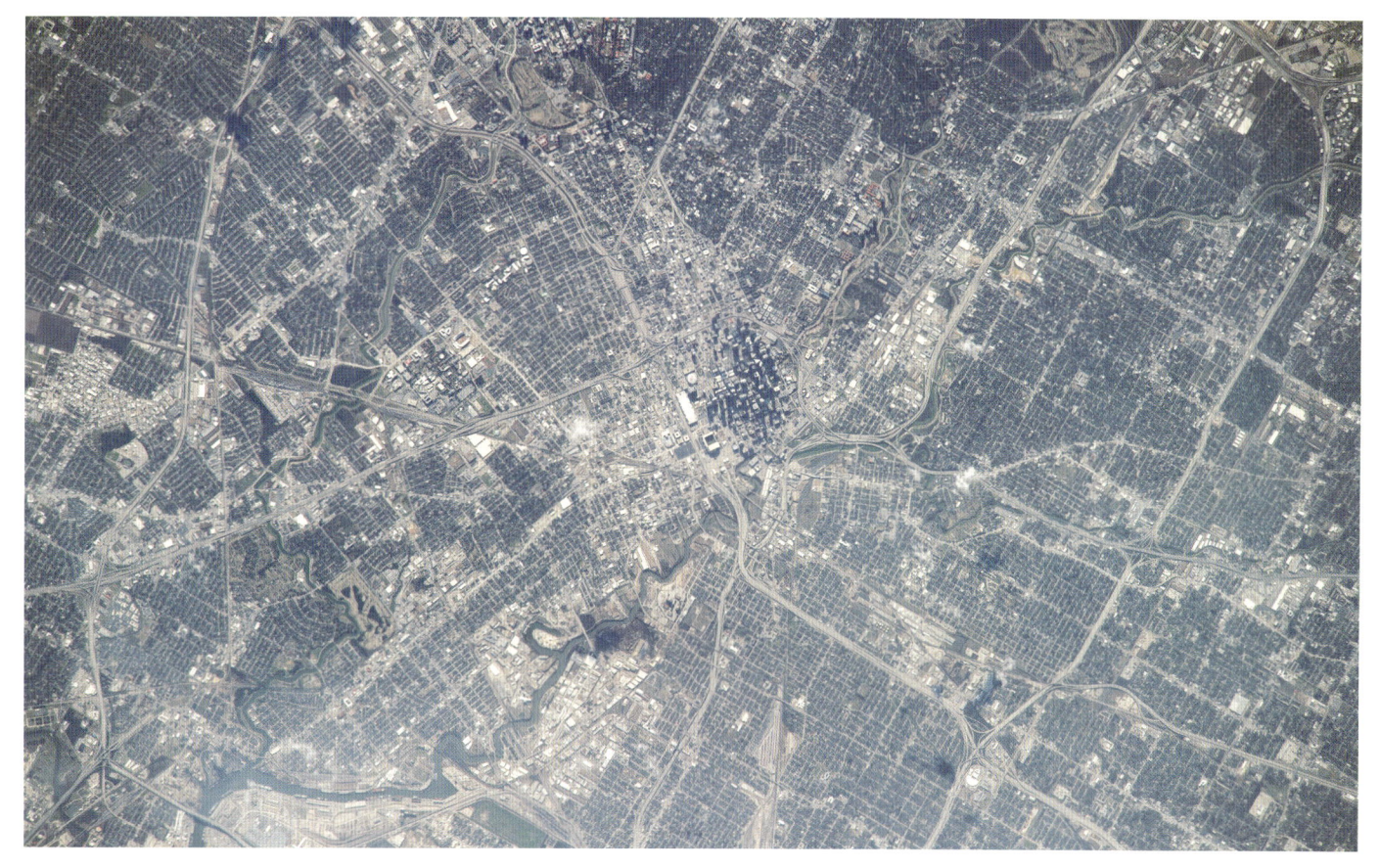

Koichi Wakata @Astro_Wakata 2014年2月15日
Clear skies over downtown Houston yesterday.
〔昨日はヒューストンのダウンタウン上空が澄んでいました〕

498 Retweet　198 Favorite

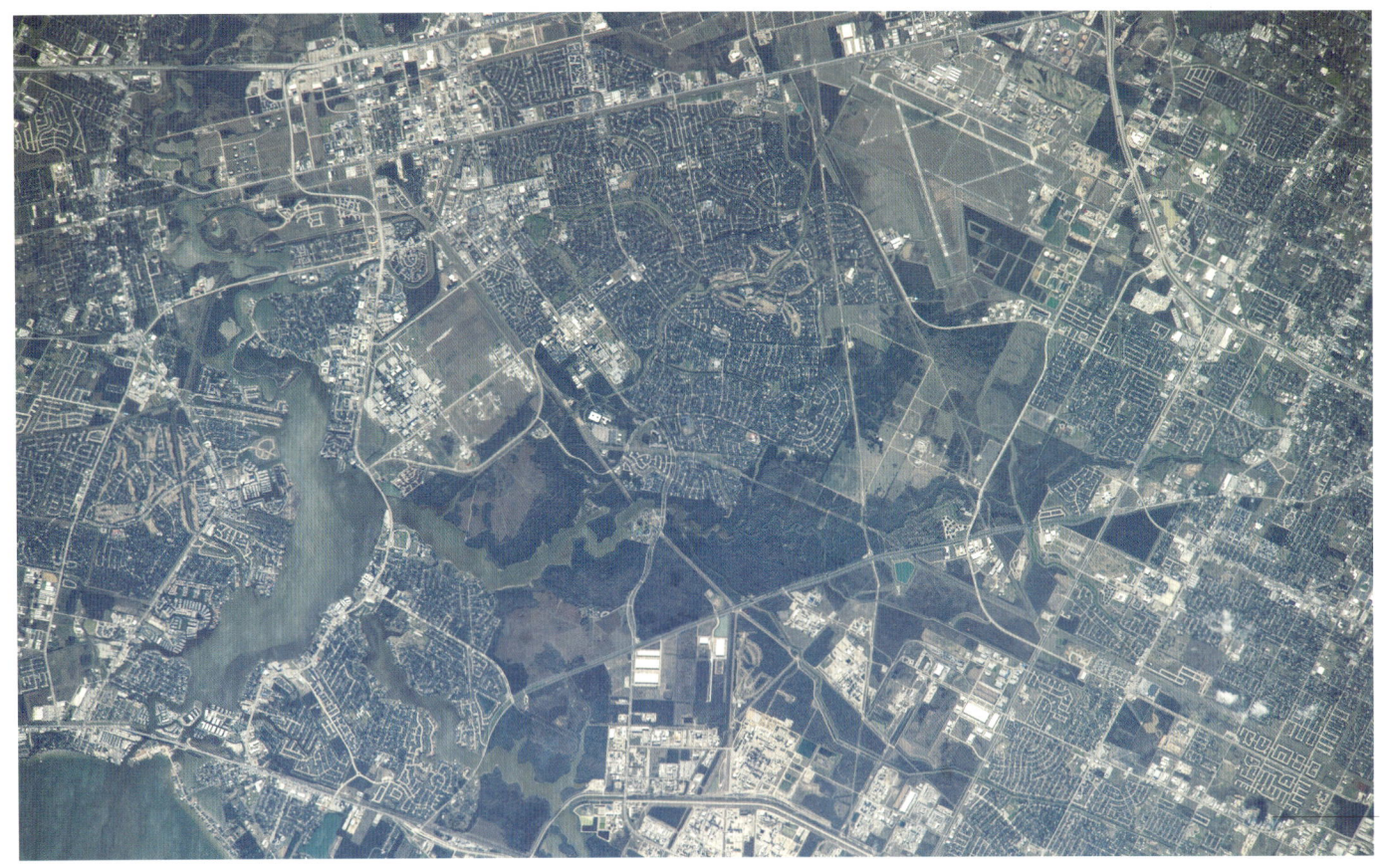

Koichi Wakata @Astro_Wakata 2014年2月15日
Houston Clearlake area. You can see NASA Johnson Space Center in the photo.
(ヒューストンのクリア・レイク周辺。NASAジョンソン宇宙センターが確認できます)

669 Retweet　931 Favorite

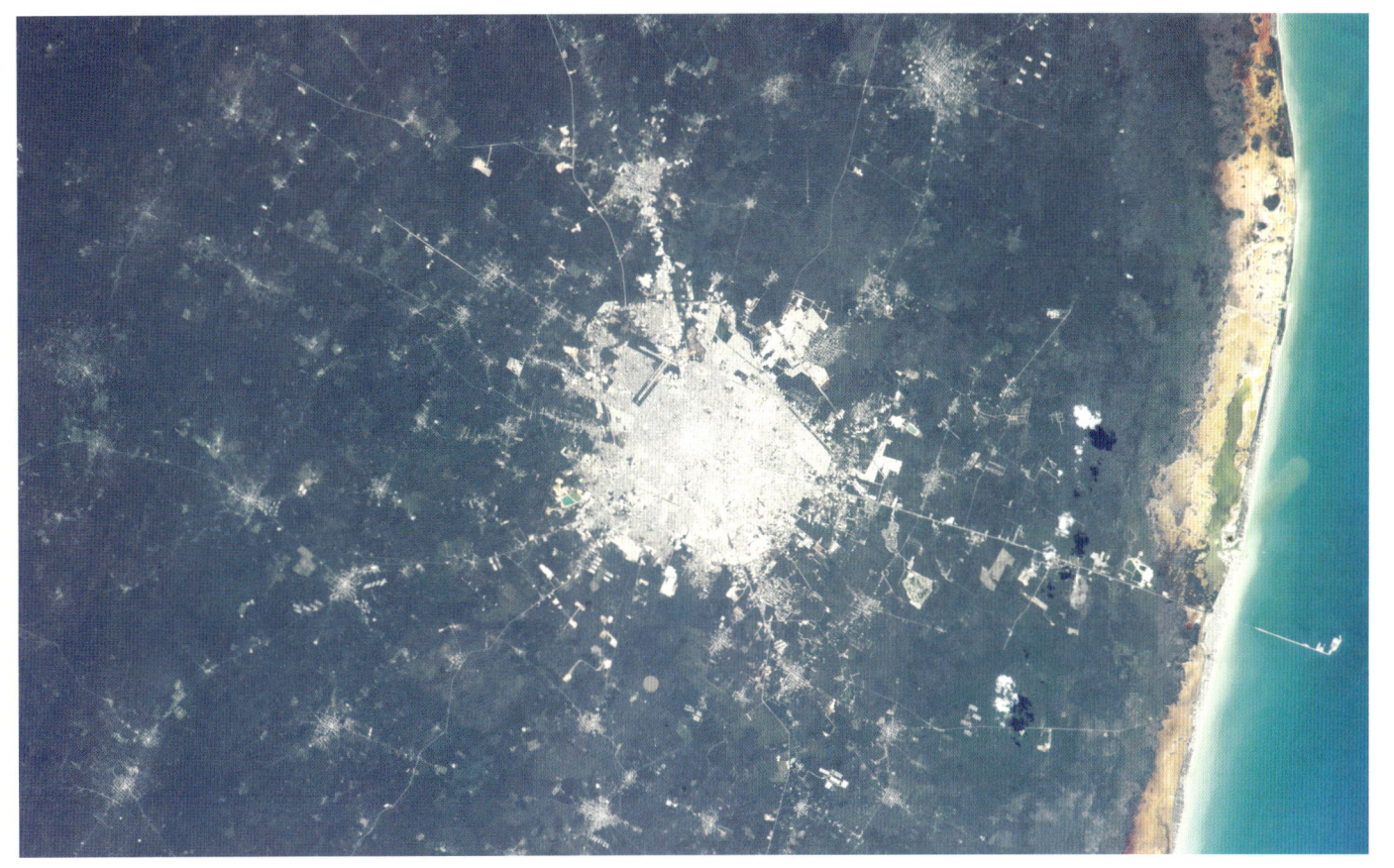

Koichi Wakata @Astro_Wakata 2014年2月16日
Clear view of Merida, Mexico.
（メキシコのメリダがきれいに見えます）

2454 Retweet　912 Favorite

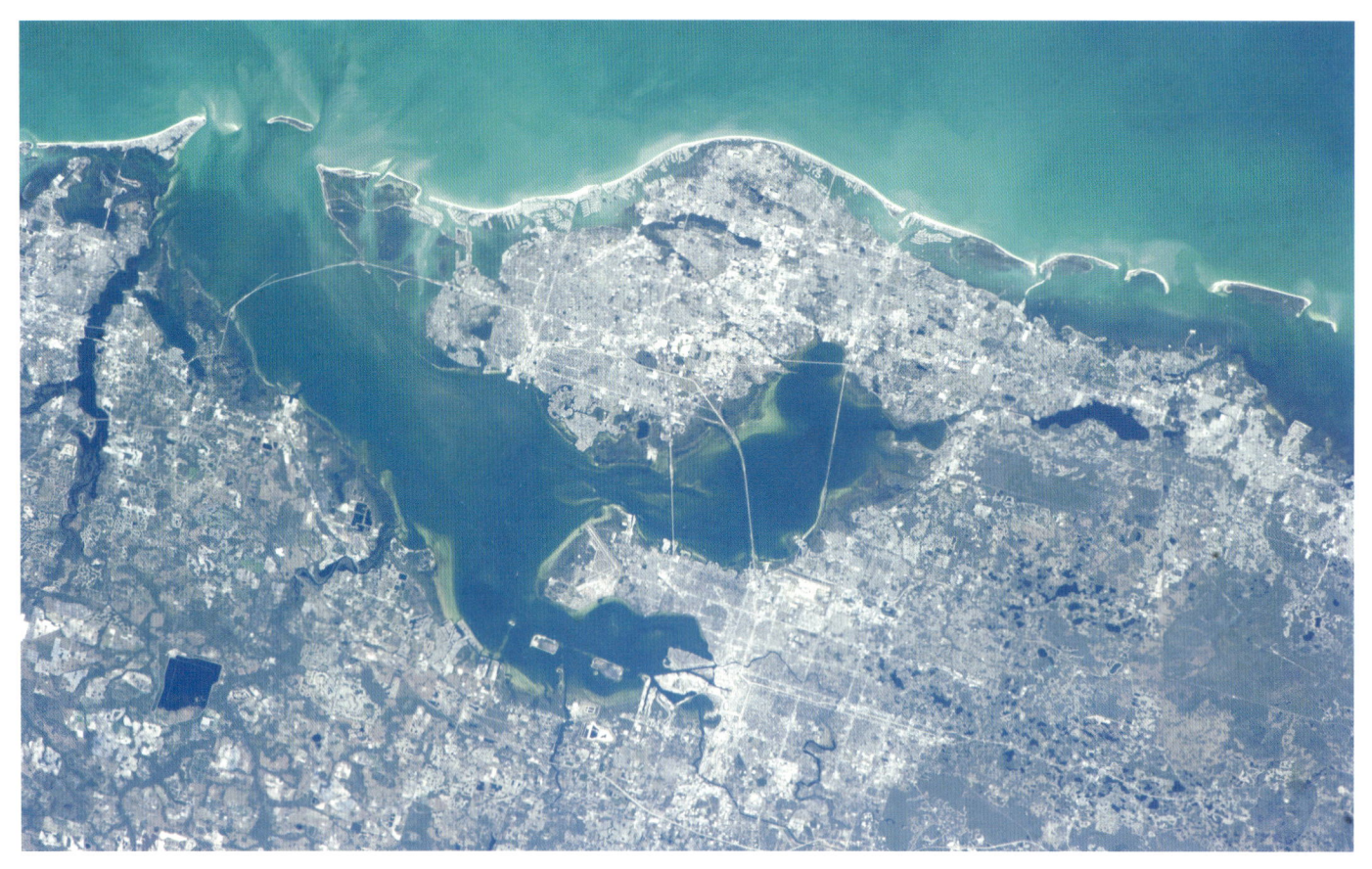

Koichi Wakata @Astro_Wakata 2014年2月16日
Tampa and St. Petersburg, Florida.
（フロリダのタンパとセントピーターズバーグ）

332 Retweet   867 Favorite

Koichi Wakata @Astro_Wakata 2014年2月16日
Flying over US east coast.
（アメリカ東海岸上空を飛行中）

578 Retweet 288 Favorite

067

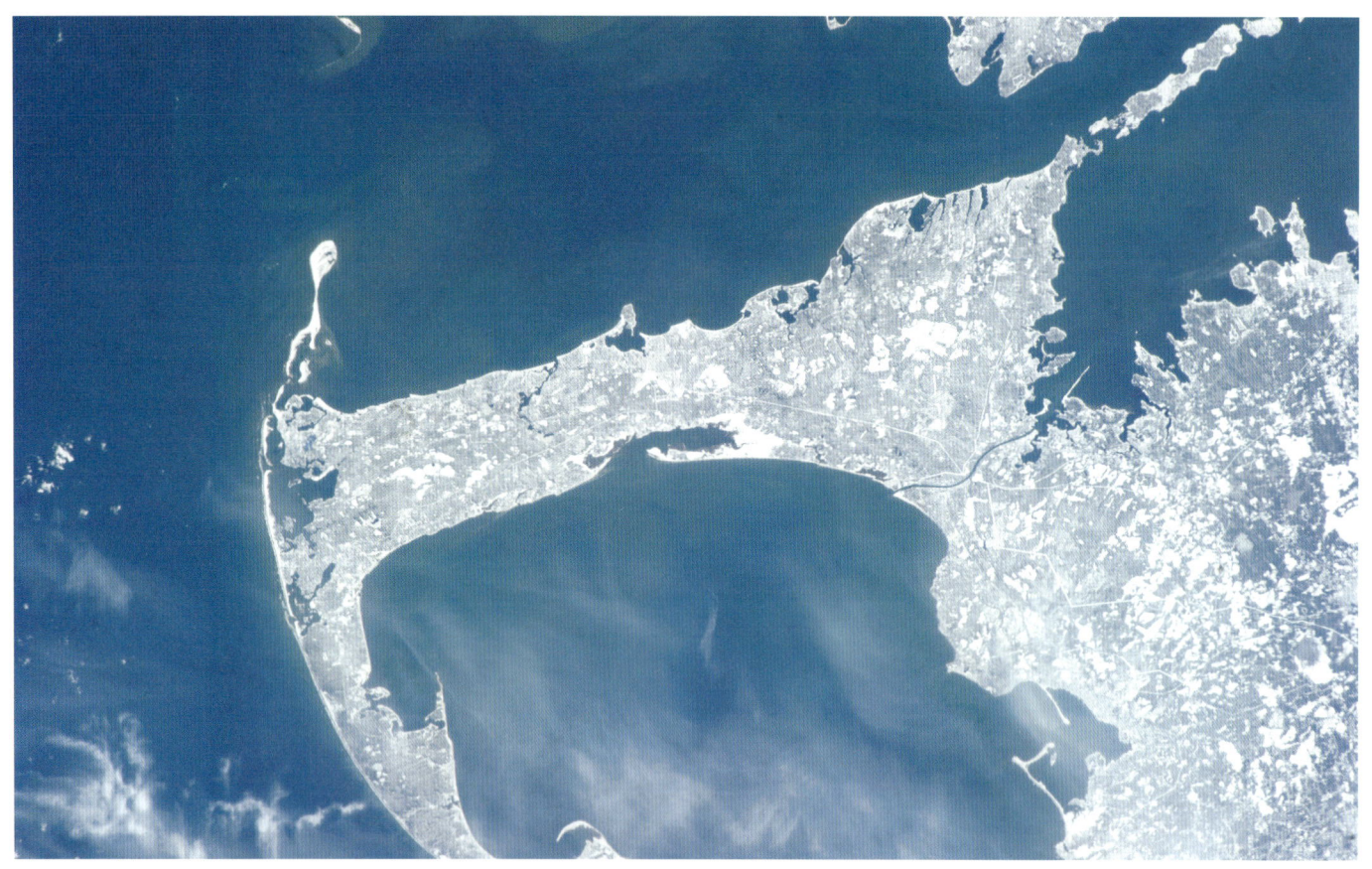

Koichi Wakata @Astro_Wakata 2014年2月16日
Flew over Cape Cod, Massachusetts this evening. Looked icy and cold from up here.
（今夜はマサチューセッツ州のケープコッドを通過しました。ここから見ると氷で覆われており寒そうです）

741 Retweet　848 Favorite

Koichi Wakata @Astro_Wakata 2014年2月18日
Dubai, UAE at night. You can see the palm tree island from space.
（夜に見たアラブ首長国連邦のドバイ。宇宙からでもパーム・アイランドが見えます）

766 Retweet　363 Favorite

Koichi Wakata @Astro_Wakata 2014年2月18日
Kuwait City at night. We flew over there a few hours ago.
（夜のクウェート。数時間前に通過しました）

679 Retweet   557 Favorite

Koichi Wakata @Astro_Wakata 2014年2月21日
Nice view of frozen Lake Baikal, Russia.
（ロシアにある凍ったバイカル湖がきれいに見えます）

374 Retweet　877 Favorite

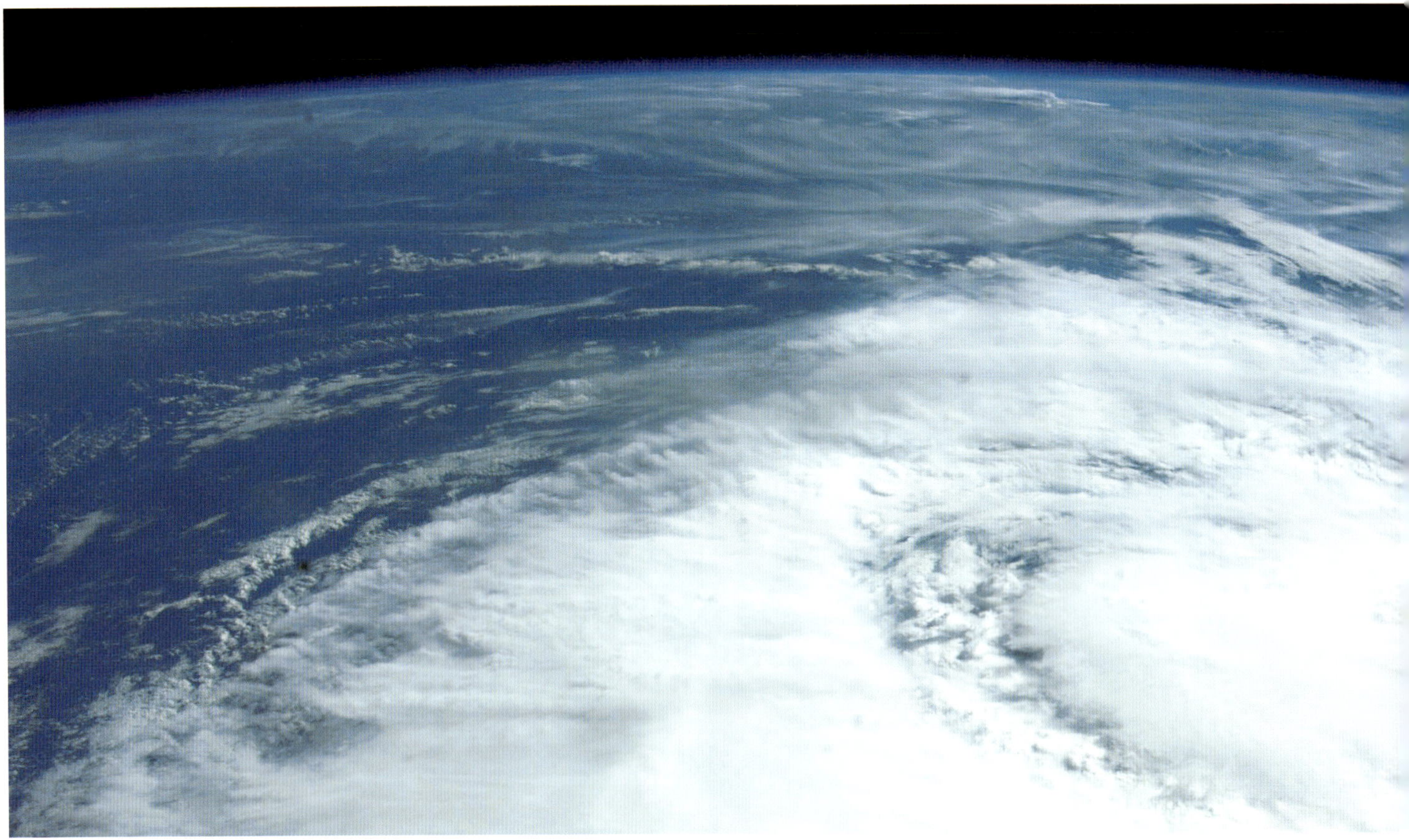

	165	447
	Retweet	Favorite

Koichi Wakata @Astro_Wakata 2014年2月21日
We flew over a big tropical cyclone "Guito" near Madagascar this morning.
(今朝、マダガスカル付近にあった巨大な熱帯低気圧「Guito」上空を通過しました)

	333	777
	Retweet	Favorite

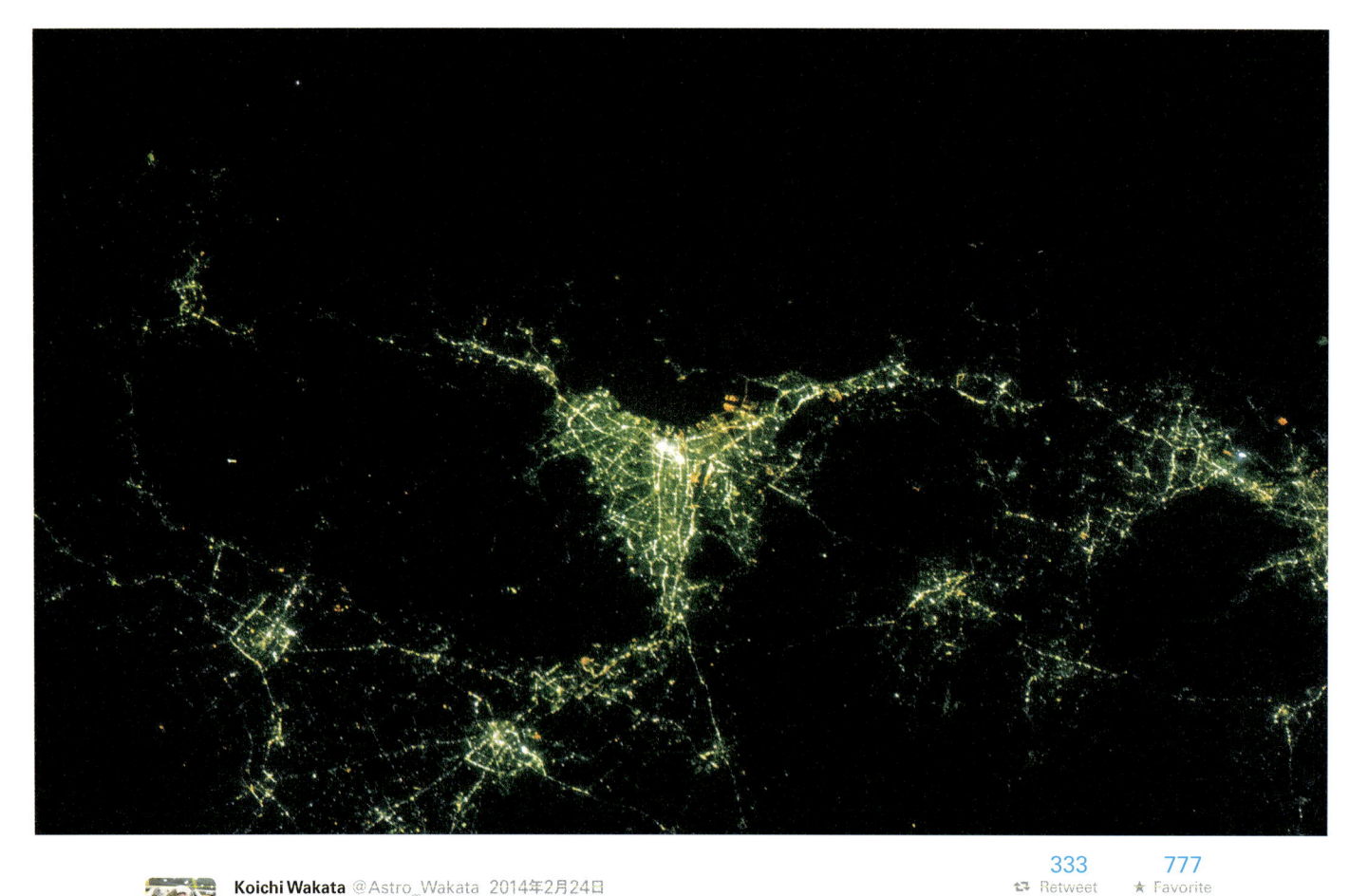

Koichi Wakata @Astro_Wakata 2014年2月24日
昨晩の福岡の夜景です。天神・中州と博多駅あたりは一際明るいですね。宇宙にいても博多ラーメンが恋しいです

	2243	1897
	Retweet	Favorite

Koichi Wakata @Astro_Wakata 2014年2月24日
北九州と下関の夜景です。関門橋も見えますよ

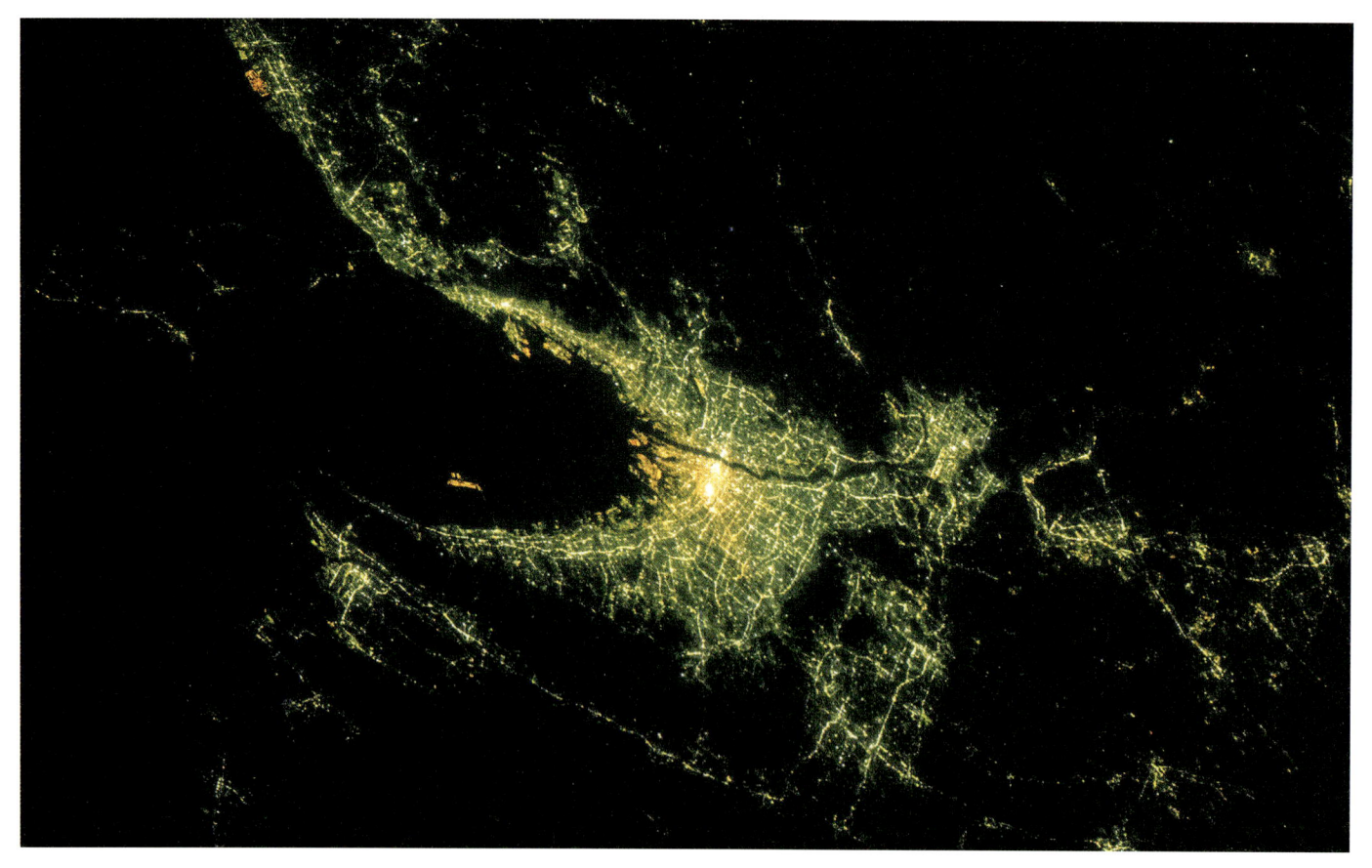

Koichi Wakata @Astro_Wakata 2014年2月24日
大阪の夜景。眩しいばかりの街の明かりが印象的です

225 Retweet　246 Favorite

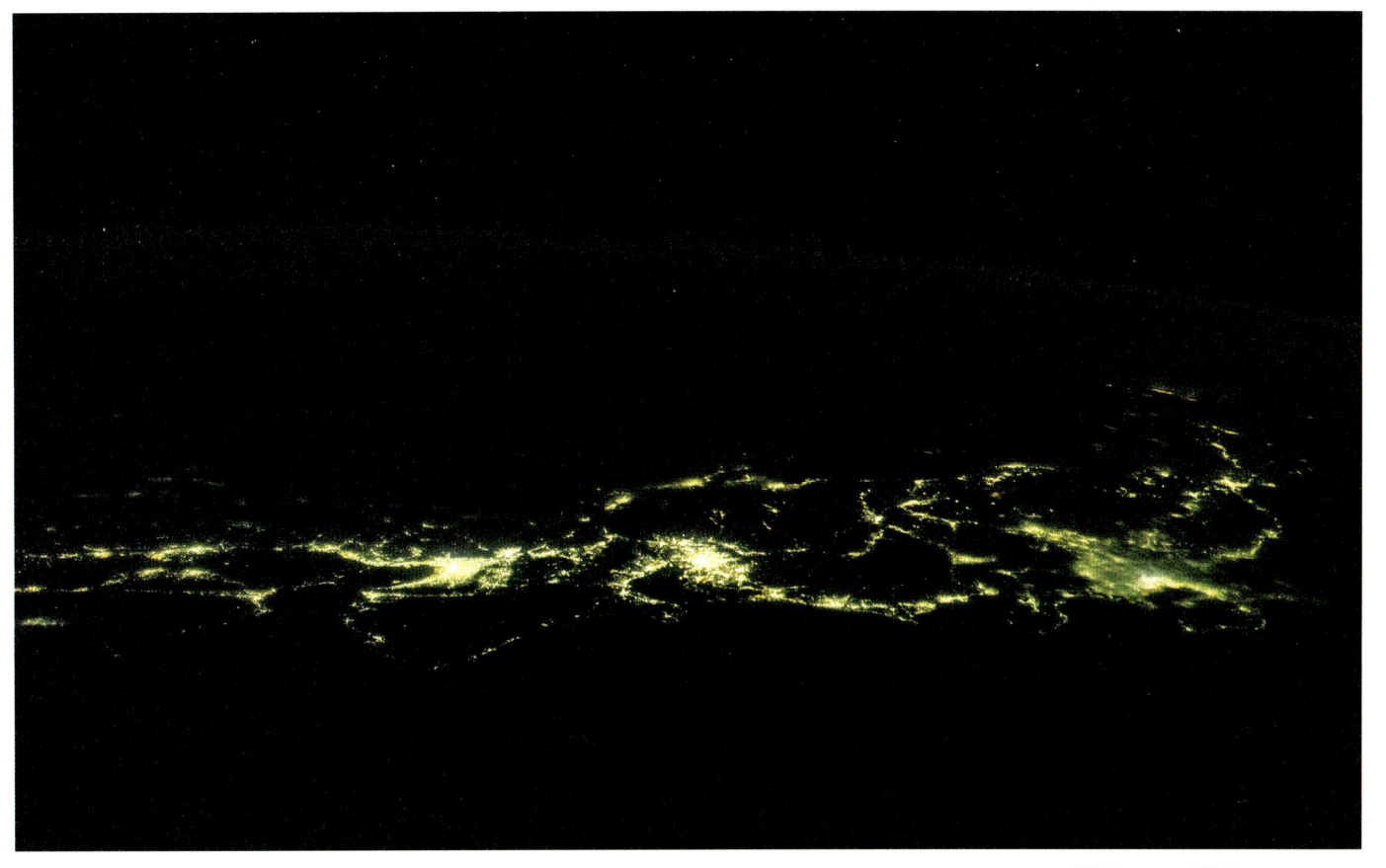

	337	7865
	Retweet	Favorite

Koichi Wakata @Astro_Wakata 2014年2月24日
昨晩の日本列島の夜景です。太平洋側から撮影しました。四国から北海道まで写っています

Koichi Wakata @Astro_Wakata 2014年3月2日
Nice view of Grand Canyon in the US.
（アメリカのグランドキャニオンがよく見えます）

680 Retweet
500 Favorite

Koichi Wakata @Astro_Wakata 2014年3月2日
Strait of Gibraltar.
(ジブラルタル海峡)

1983 Retweet　1120 Favorite

Koichi Wakata @Astro_Wakata 2014年3月2日
Nice pass over Abu Dhabi and Dubai, UAE.
（アラブ首長国連邦のアブダビ、ドバイ上空を無事通過しました）

2130 Retweet　1015 Favorite

Episode 1

　FD（フライトディレクター）とは、国際宇宙ステーション（ISS）を各国で分担して運用するチームの指揮官です。私は若田飛行士滞在の前半4カ月間のリードを担当しました。
　今回ロシアの星の街（スターシティ）での最終訓練の際に「日本のFDもISS全体をみるべきだ」という若田飛行士の強い推薦を受け、ロシア側の動きを知る機会として最終訓練に参加した経緯があります。
FD同士通常は音声のみの付き合いなのですが、面と向かって顔をあわせ、お互いの主張をすることにより、理解を深められたと思っています。「今後もコミュニケーションを持ちましょうね」とロシア側に最終日に言ってもらえたのは、若田飛行士のおかげです。
　若田飛行士が軌道上に行ってからは、既に「こうのとり4号機」で運ばれた実験資材、4Kカメラ、超小型衛星等などが待ち受けていて、これらを使った作業が1か月間密に詰まっていました。
その全ての業務をきちんとこなした上で「地上で困ったことがあったらどんどん言ってください」と、私たちへの気配りと積極性に感動しました。もちろん、コマンダーとして他のクルーへの業務配分の配慮、ヨーロッパなどの管制センターへの気遣いなども、そこにはありました。
週1回、私たち運用チームは若田飛行士と定期テレビ会議の機会があり、「この実験はこういう制約がある」「こういう箇所を実験の際には気を付けてほしい欲しい」とバックグラウンドを含めた説明をおこなっていました。地上の思いを伝えると一体感を持ってチーム作業ができるからです。だからこそ会議という場であっても、毎週非常に楽しく話をすることができ、若田飛行士と深い信頼関係を築くことができたのだと思います。

　今回の若田飛行士のアドバイスや考え、生き方から、「腹を割って話すことから、いい人間関係ができる」ことを、身を持って体感することができました。若田さんから学んだことを活かし、今後も国際協力に貢献できるよう頑張っていきたいと思います。

》東覚 芳夫 FD

1993年NASDA入社。日本実験棟「きぼう」の開発に携わる。1999年夏季より、きぼう運用チームの立上げにあたってNASAのフライトディレクターの実地訓練を経験する。第38次長期滞在ミッションなどのリードFD（フライトディレクター）を務めた。2014年11月よりパリ駐在事務所勤務。

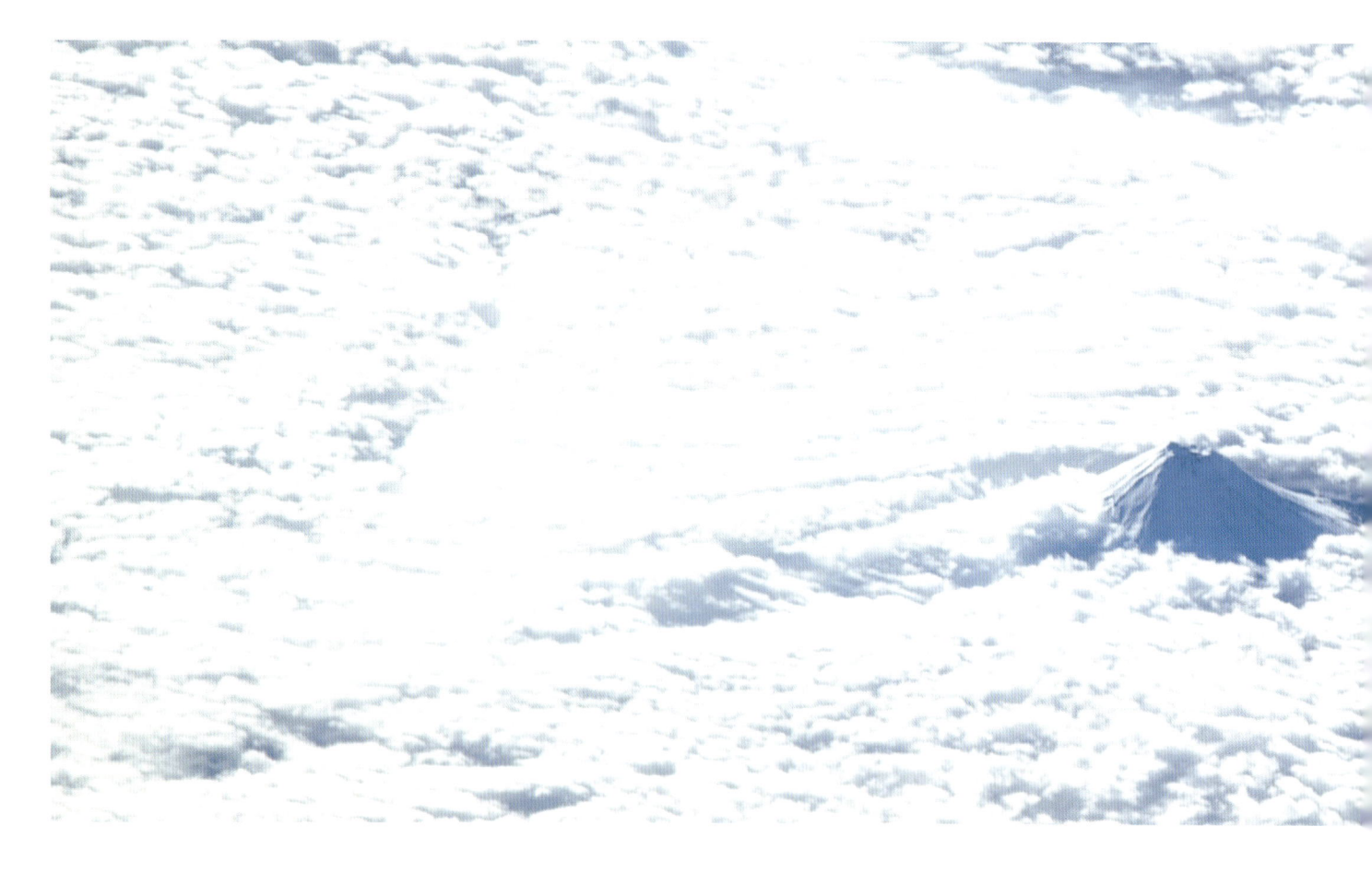

Koichi Wakata @Astro_Wakata 2014年3月3日
久しぶりに雲から頭を出している富士山が軌道上から良く見えました

6894 Retweet　5873 Favorite

Koichi Wakata @Astro_Wakata 2014年3月17日
Flying over Seattle, WA.　SEA-TAC is a big airport.
（ワシントンのシアトル上空を飛行中。シータック空港は巨大な空港です）

2358 Retweet　　4623 Favorite

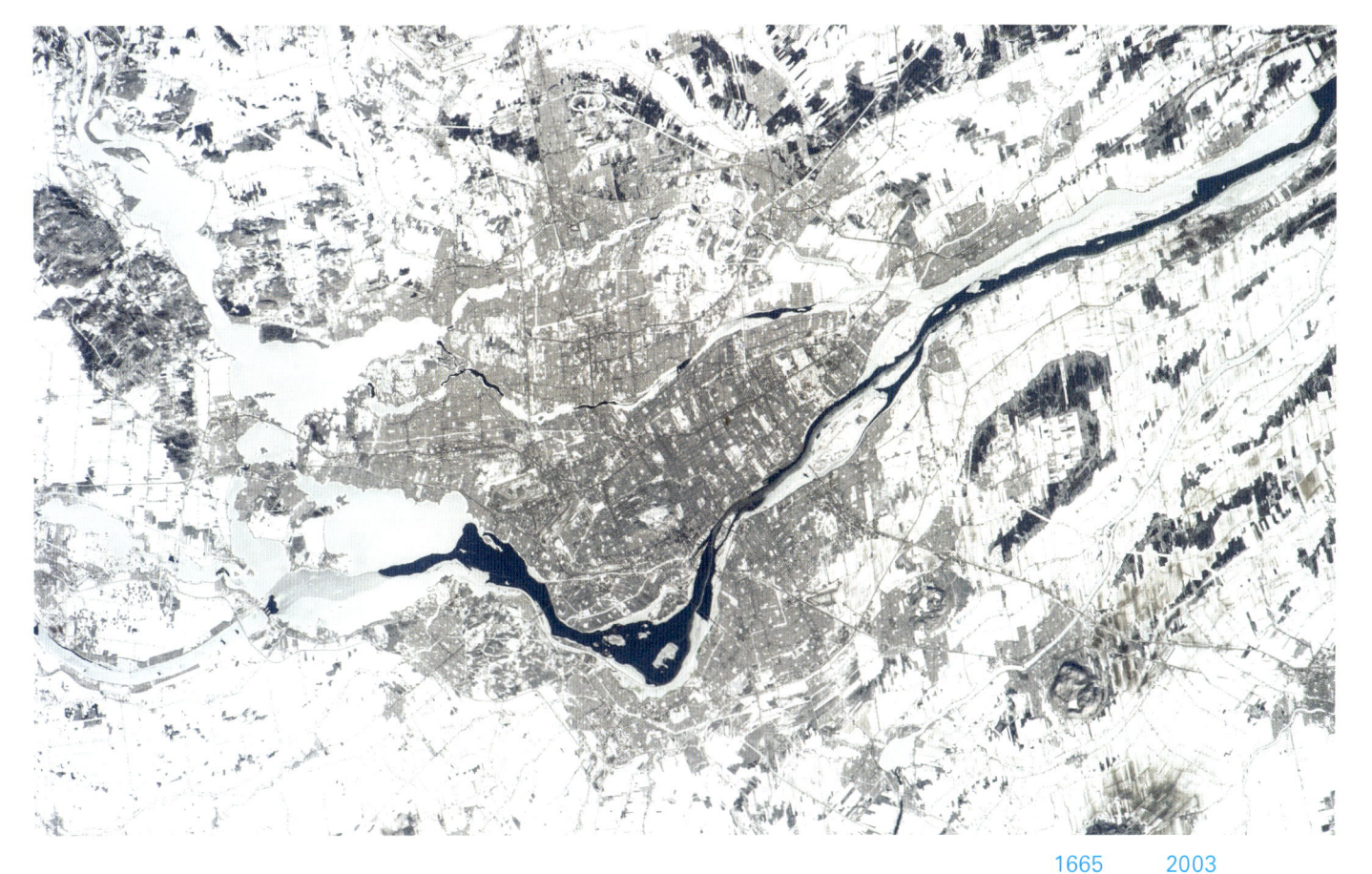

Koichi Wakata @Astro_Wakata 2014年3月17日

1665 Retweet　2003 Favorite

Clear view of Montreal, Canada. Reminds me of our great training trips to the Canadian Space Agency in St. Hubert.

（カナダのモントリオールがはっきりと見えます。訓練を受けるためにサン・チュベールにあるカナダ宇宙庁へ行ったことを思い出します）

Koichi Wakata @Astro_Wakata 2014年3月18日
Flew over New York City earlier today. Nice view!
(今日、ニューヨーク上空を通過しました。いい景色です!)

2201 Retweet　3120 Favorite

Koichi Wakata @Astro_Wakata 2014年3月26日
Flying over Grand Canyon (center low in the photo).　Spectacular view!
（グランドキャニオン上空を飛行中［写真下部真ん中］。壮観な景色です）

2201 Retweet　　1300 Favorite

Koichi Wakata @Astro_Wakata 2014年4月5日
Clear view of Punta Arenas and Strait of Magellan, Chile.
(チリのプンタ・アレナスとマゼラン海峡がきれいに見えます)

3012 Retweet　2654 Favorite

Koichi Wakata @Astro_Wakata 2014年4月5日
We are enjoying the great view of the Patagonian glaciers over the last several days.
（私たちはここ数日の間、パタゴニア氷河の素晴らしい眺めを堪能しています）

3540 Retweet　　236 ★ Favorite

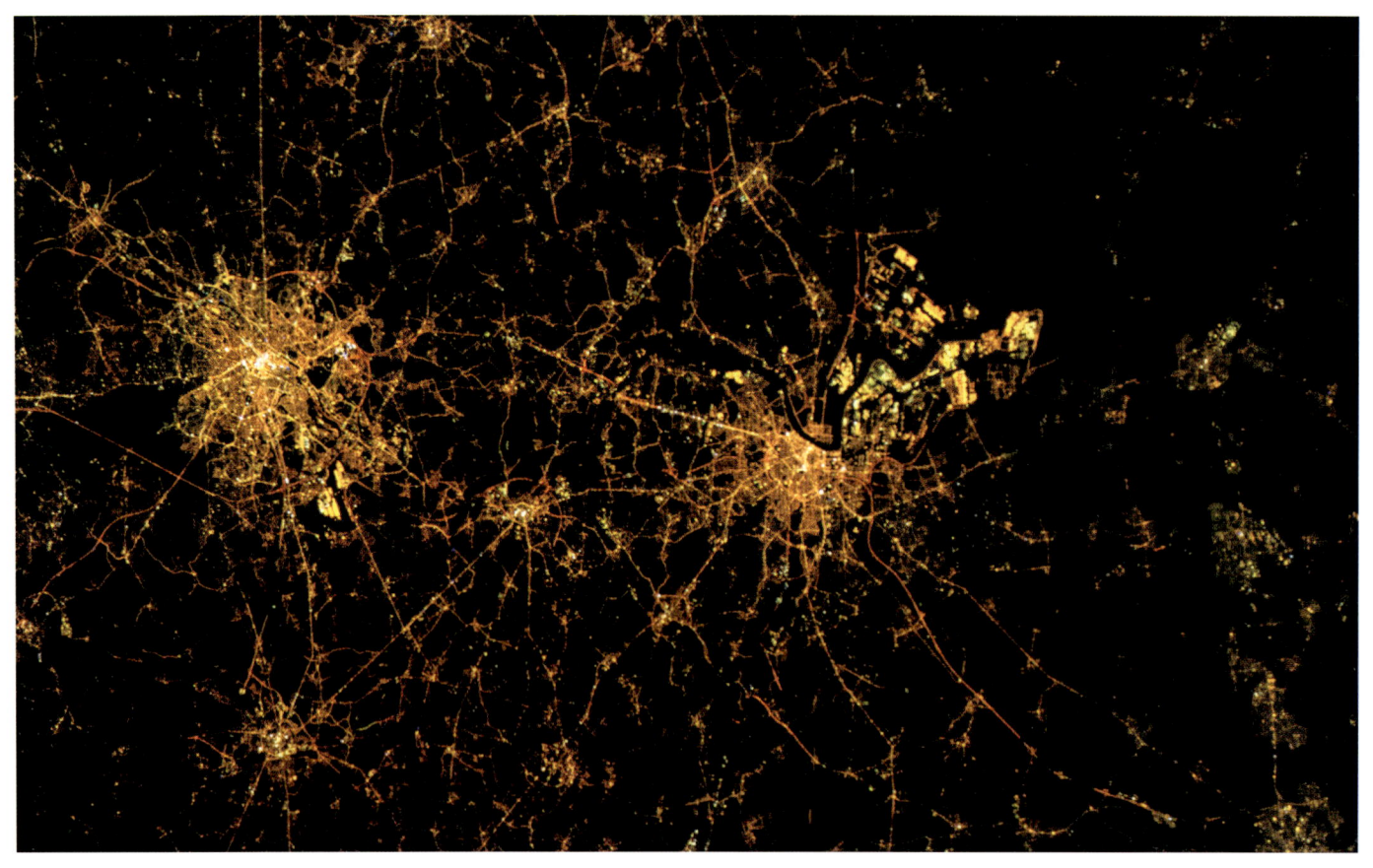

Koichi Wakata @Astro_Wakata 2014年4月6日
Night view of Brussels and Antwerp, Belgium from the ISS.
（国際宇宙ステーションから見える、ベルギーのブリュッセルとアントワープの夜景です）

1978 Retweet   548 Favorite

	401	1092
	Retweet	Favorite

Koichi Wakata @Astro_Wakata 2014年4月14日
昨日の日本列島の写真です。ISSの中では季節感がありませんが、満開の桜が咲いている光景が目に浮かびます

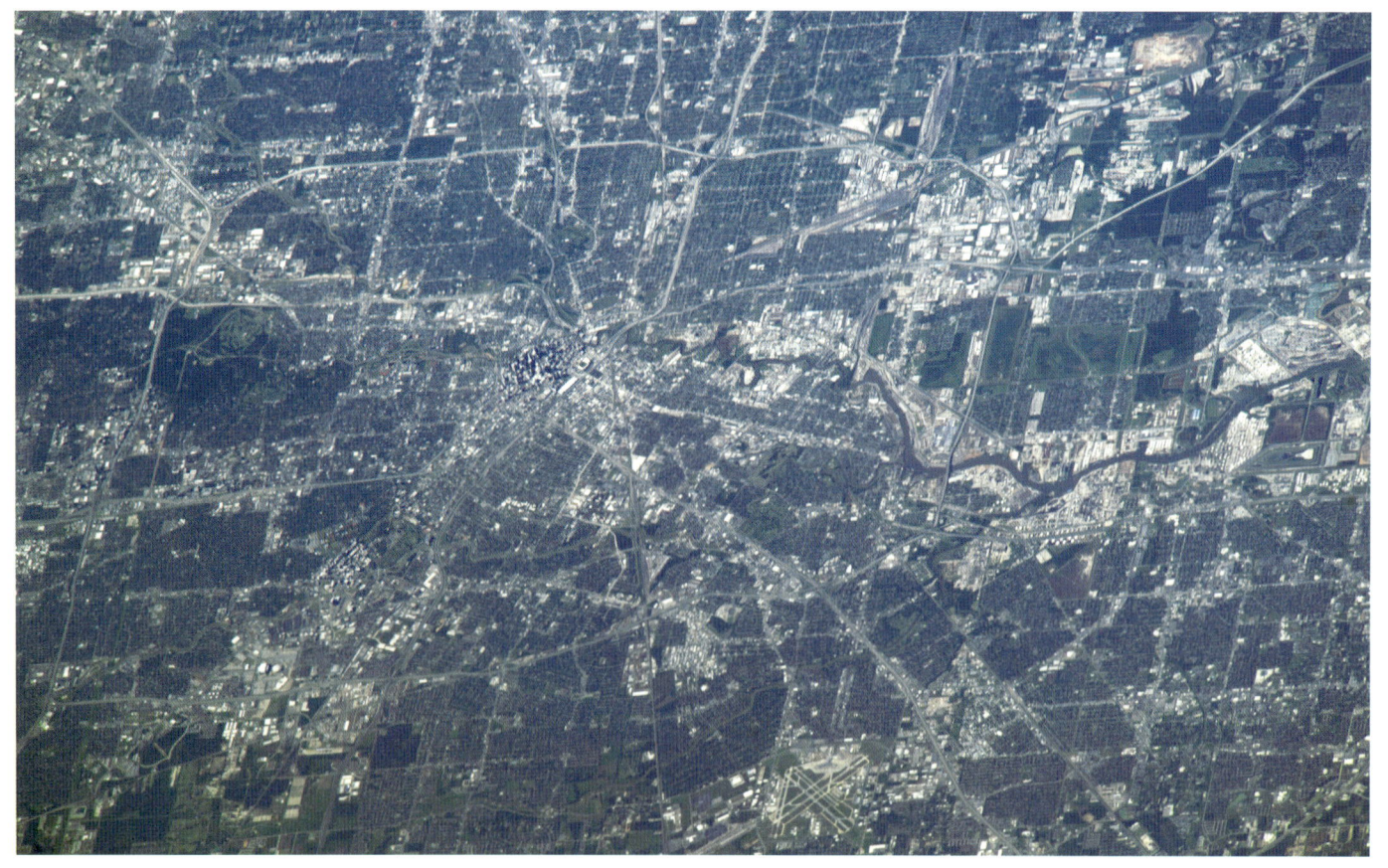

Koichi Wakata @Astro_Wakata 2014年4月16日
Flew over Houston yesterday evening. The weather looked nice with no clouds.
(昨晩、ヒューストン上空を通過しました。雲一つない快晴のようです)

201 Retweet　3002 Favorite

Koichi Wakata @Astro_Wakata 2014年4月16日
Aorounga Impact Crater in Chad. 345 million years old impact crater marked with linear ridges from wind erosion.
（チャドにあるアオルンガ衝突クレーターです。風食による線上隆起につけられた、3億4500年前のクレーターです）

987 Retweet　56 Favorite

Koichi Wakata @Astro_Wakata 2014年4月16日
The Bahamas – I never get bored of seeing this beautiful view.
(バハマ　どれだけ見ていても飽きない、美しい眺めです)

45 Retweet　1003 ★ Favorite

Koichi Wakata @Astro_Wakata 2014年4月16日
ISSから撮影した宮古島、伊良部島です

336 Retweet　999 Favorite

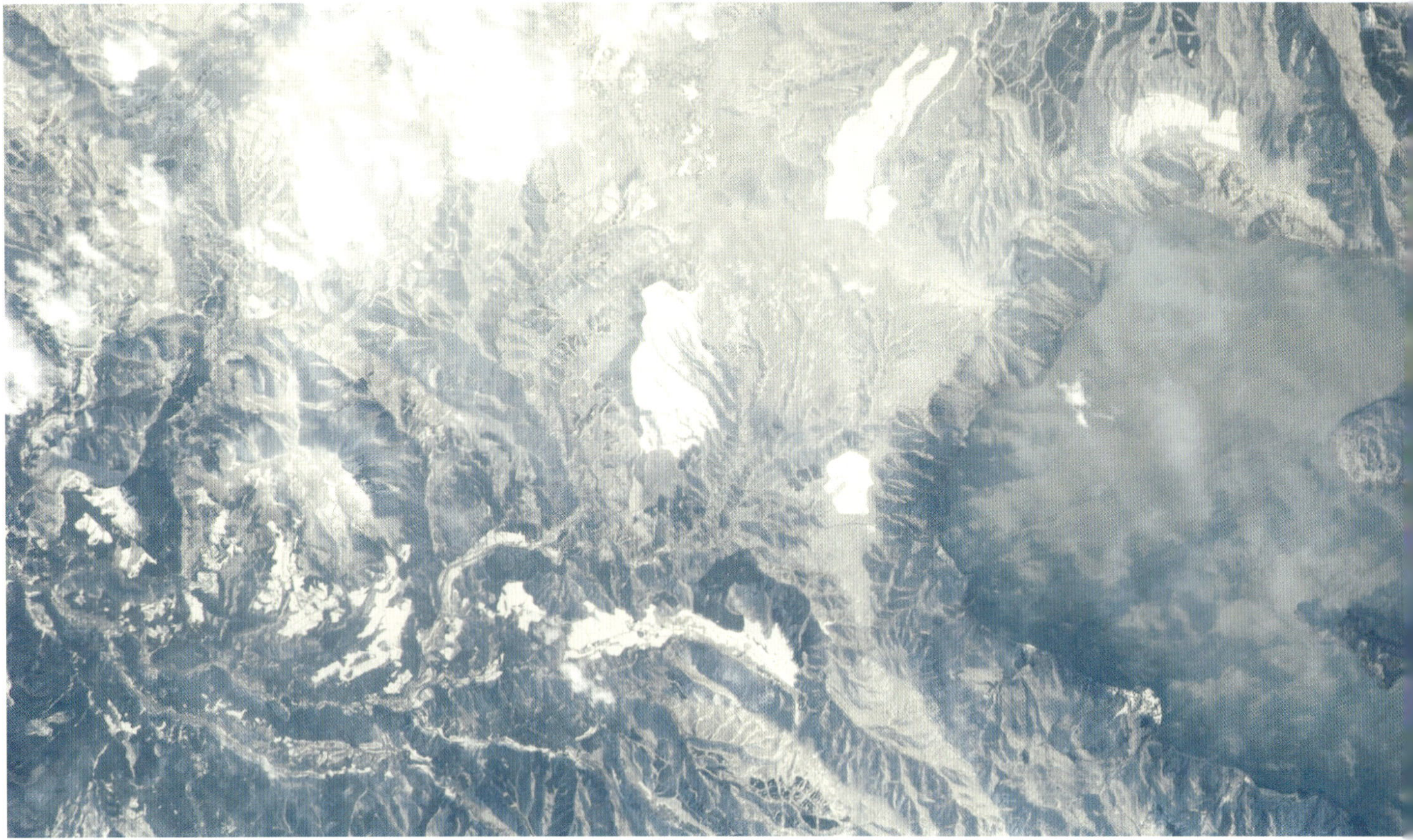

Koichi Wakata @Astro_Wakata 2014年4月16日
十和田湖です

566 Retweet　1333 Favorite

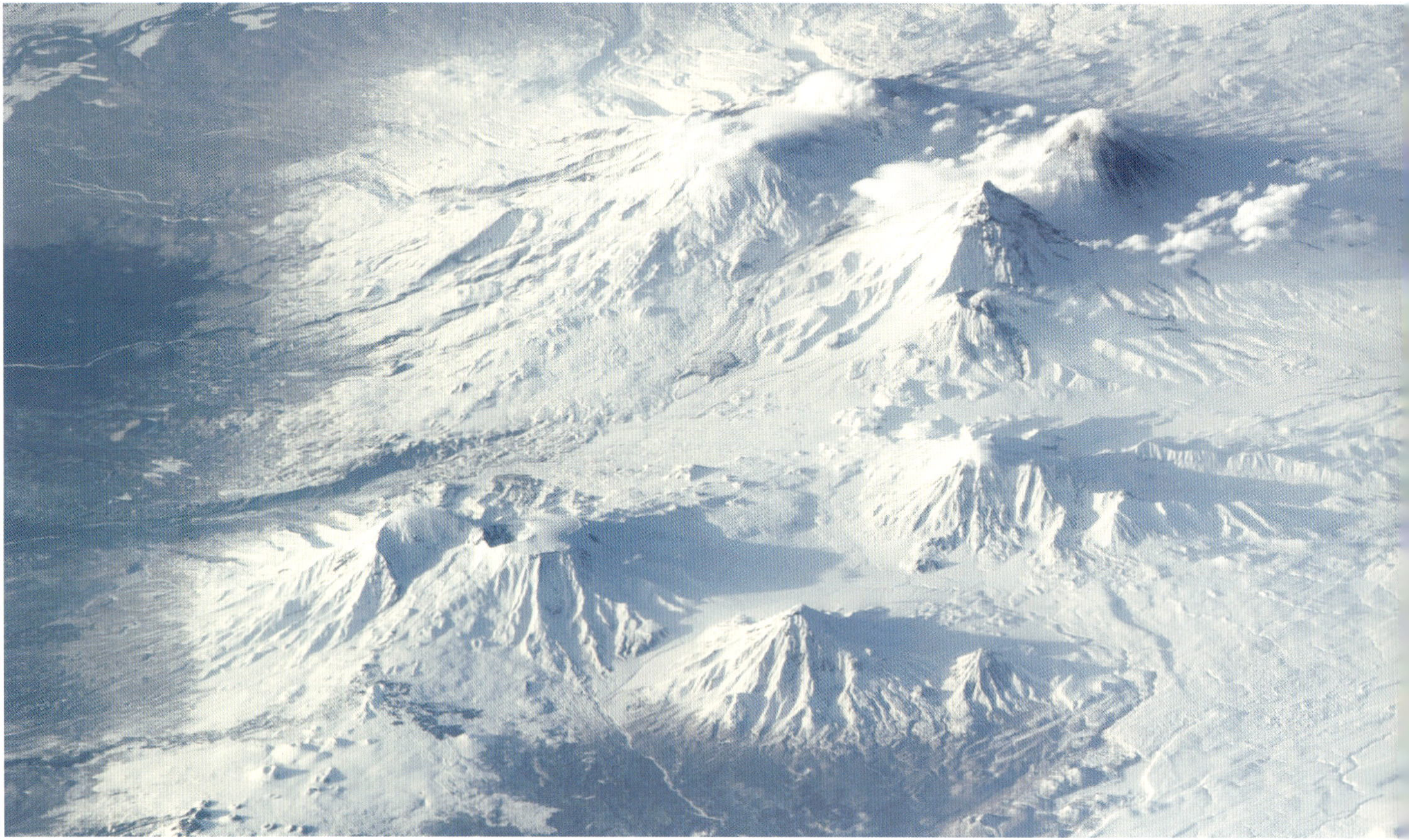

Koichi Wakata @Astro_Wakata 2014年4月16日
Amazing view of the snow covered volcanoes on Kamchatka Peninsula.
(カムチャッカ半島の雪で覆われた火山のなんとも美しい眺め)

98 Retweet　3568 Favorite

Koichi Wakata @Astro_Wakata 2014年4月16日
石垣島です

456 Retweet　8315 Favorite

		9468	5644
		Retweet	★ Favorite

Koichi Wakata @Astro_Wakata 2014年4月16日
沖永良部島です。以前一度広報活動で訪問させて頂きましたが、本当に美しい島です

Koichi Wakata @Astro_Wakata 2014年4月16日
猪苗代湖です

236 Retweet　874 Favorite

Koichi Wakata @Astro_Wakata 2014年4月16日
石巻から、東松島、塩釜あたりまでが写っています

3006 Retweet　799 Favorite

Koichi Wakata @Astro_Wakata 2014年4月16日
気仙沼、陸前高田、大船渡あたりまではっきり見えました

1000 Retweet　911 Favorite

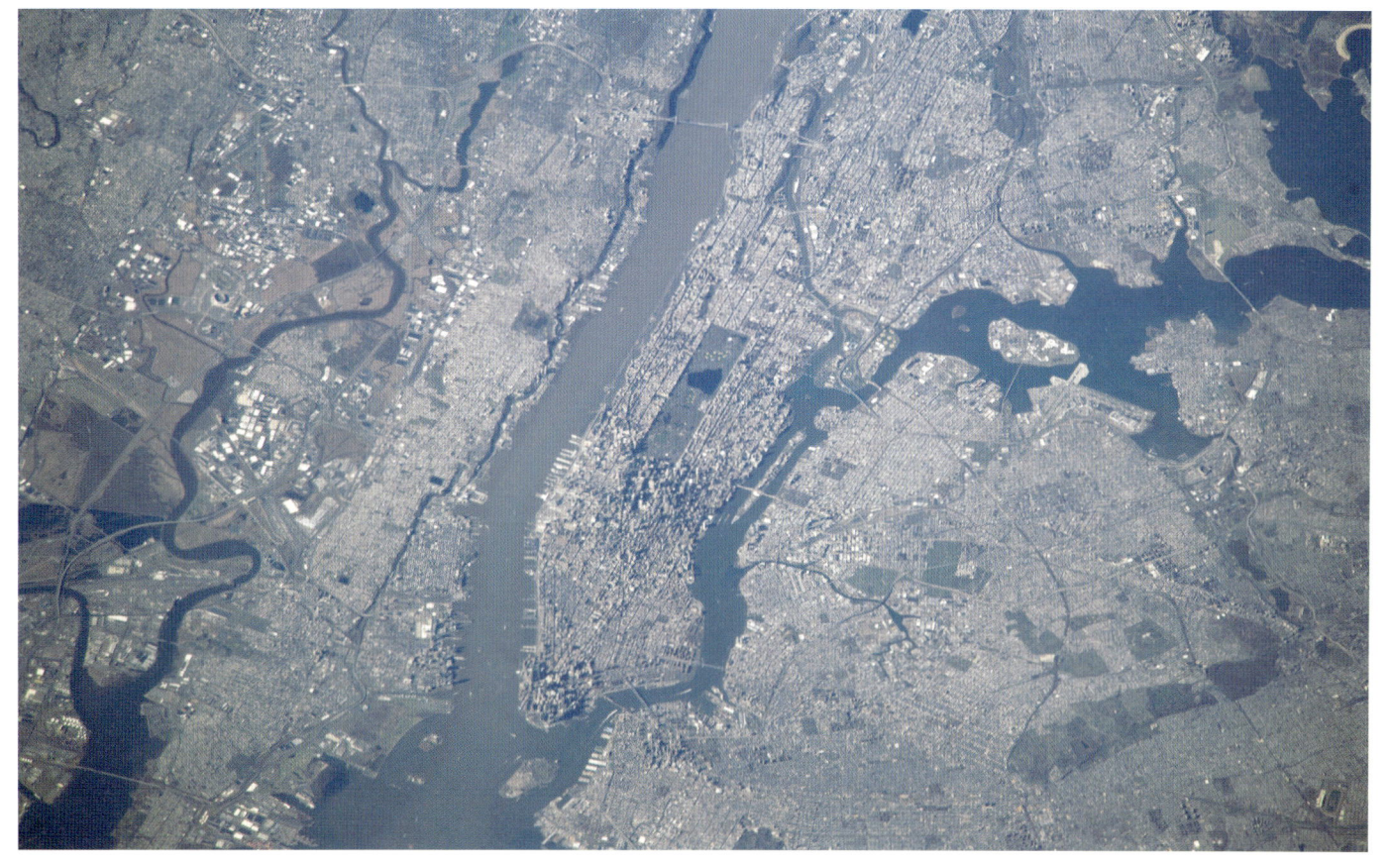

Koichi Wakata @Astro_Wakata 2014年4月17日
Greetings to Manhattan.
（マンハッタンが見えてきました）

1940 Retweet
555 Favorite

Koichi Wakata @Astro_Wakata 2014年4月17日
Dead Sea. The blue color of the water looks so beautiful from the ISS.
（死海。国際宇宙ステーションから水面の青色がとても美しく見えます）

1934 Retweet   **309** ★ Favorite

Koichi Wakata @Astro_Wakata 2014年4月17日
Baku, Azerbaijan.
（アゼルバイジャンのバクーアゼルバイジャンのバクー）

1963 Retweet　801 Favorite

		3656	3002
		⇄ Retweet	★ Favorite

Koichi Wakata @Astro_Wakata 2014年4月17日
Flew over Baikonur cosmodrome, Kazakhstan, where we launched on a Soyuz 161 days ago.
（カザフスタンのバイコヌール宇宙基地上空を通過しました。ここは161日前に私たちのソユーズの打ち上げがあった場所です）

Koichi Wakata @Astro_Wakata 2014年4月19日
Night view of Sydney, where we flew over earlier today.
（今日通過した、シドニーの夜景）

2015 Retweet　125 Favorite

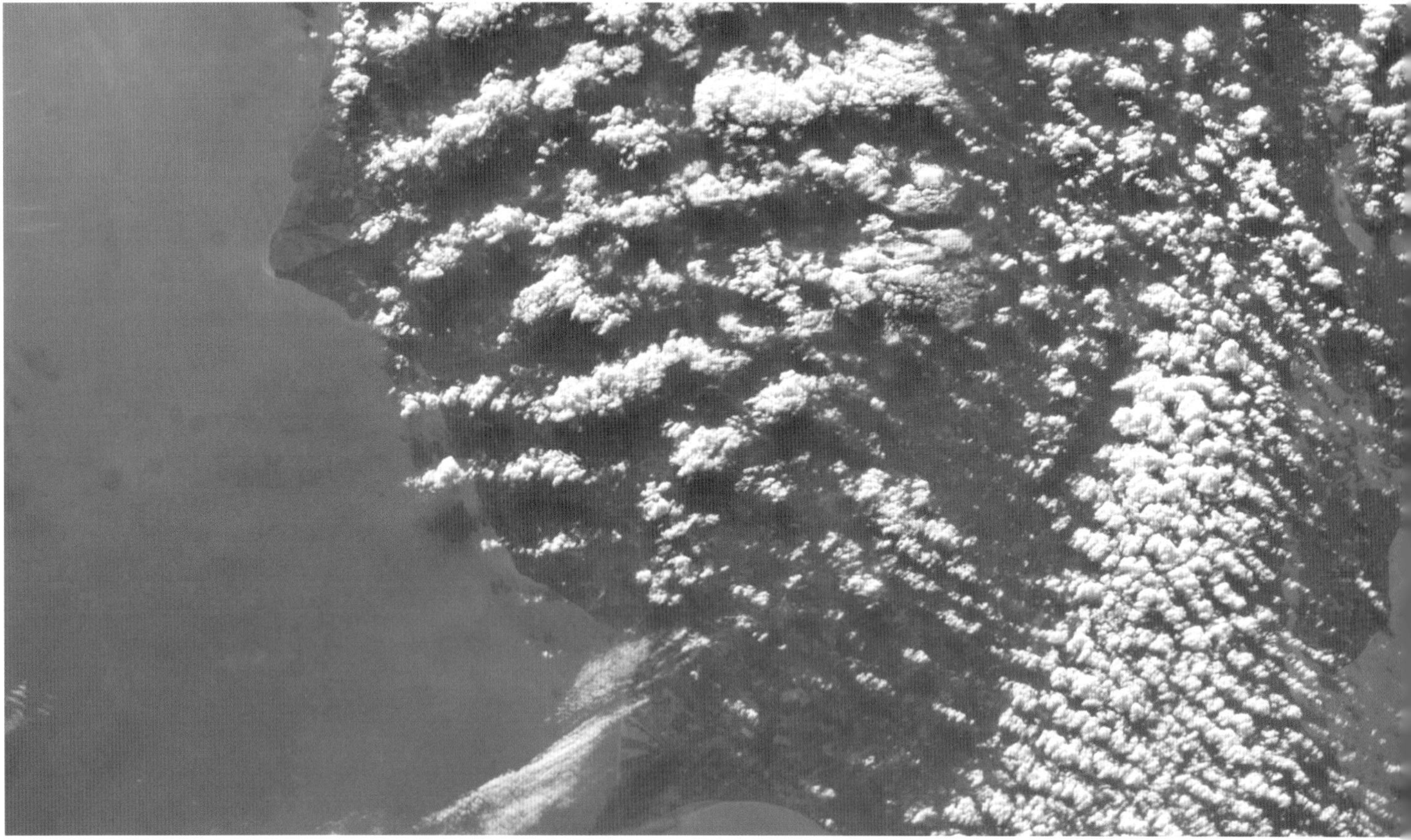

Koichi Wakata @Astro_Wakata 2014年4月19日
Flew over UK. I can see London between the clouds.
（イギリス上空を通過。雲間からロンドンが見えます）

609 Retweet　1961 Favorite

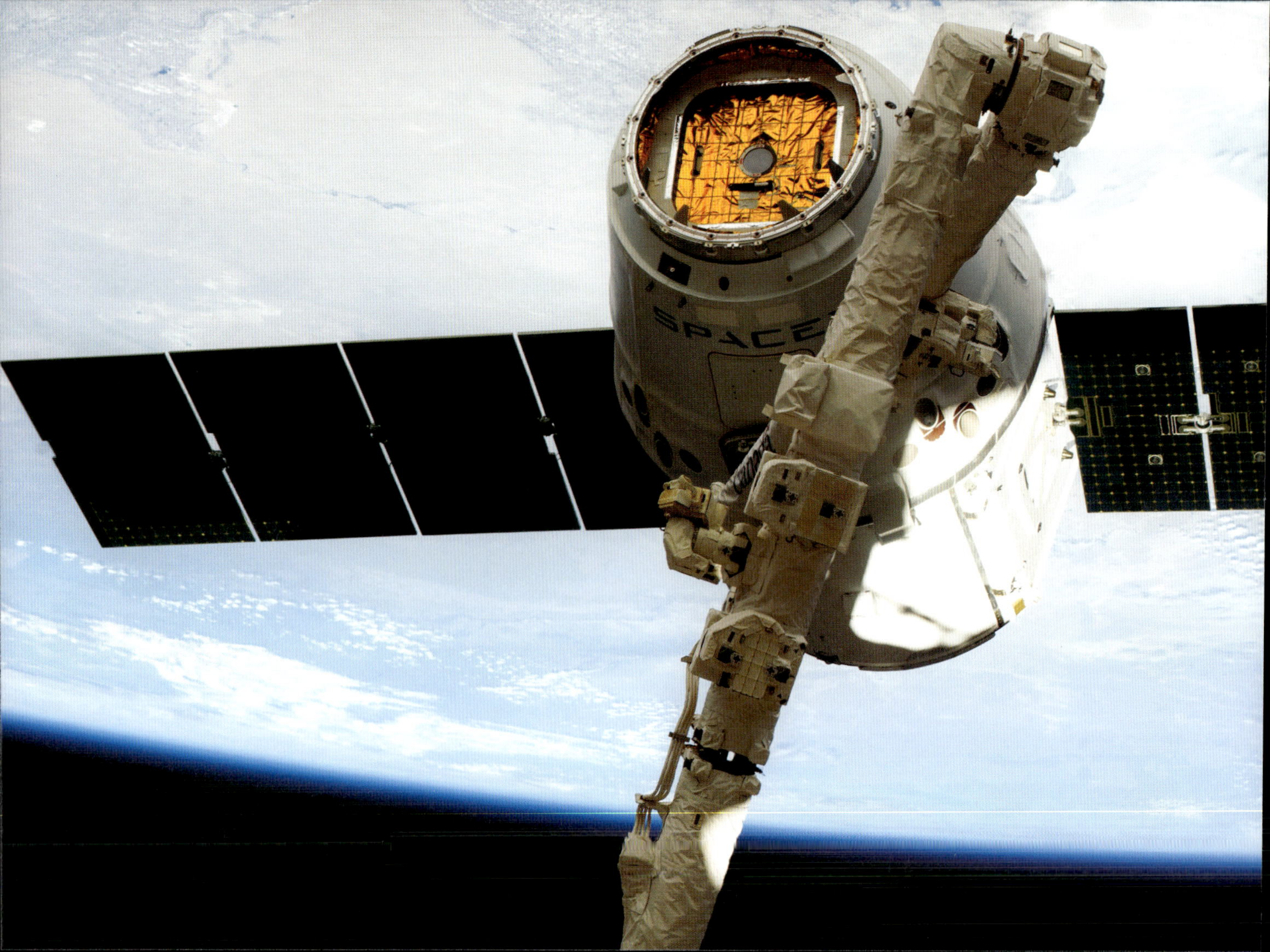

Koichi Wakata @Astro_Wakata 2014年4月20日
Space-X Dragon spacecraft arrived on the ISS.
Congratulations to the entire team on the successful operation.
（Space X社のドラゴン宇宙船がISSに到着。チームのみなさん、おめでとう！）

1989 Retweet   317 Favorite

113

Koichi Wakata @Astro_Wakata 2014年4月22日
Looks like Lake Baikal is still waiting for the spring to come.
（バイカル湖が春が来るのを心待ちにしているようです）

1970 Retweet　703 ★ Favorite

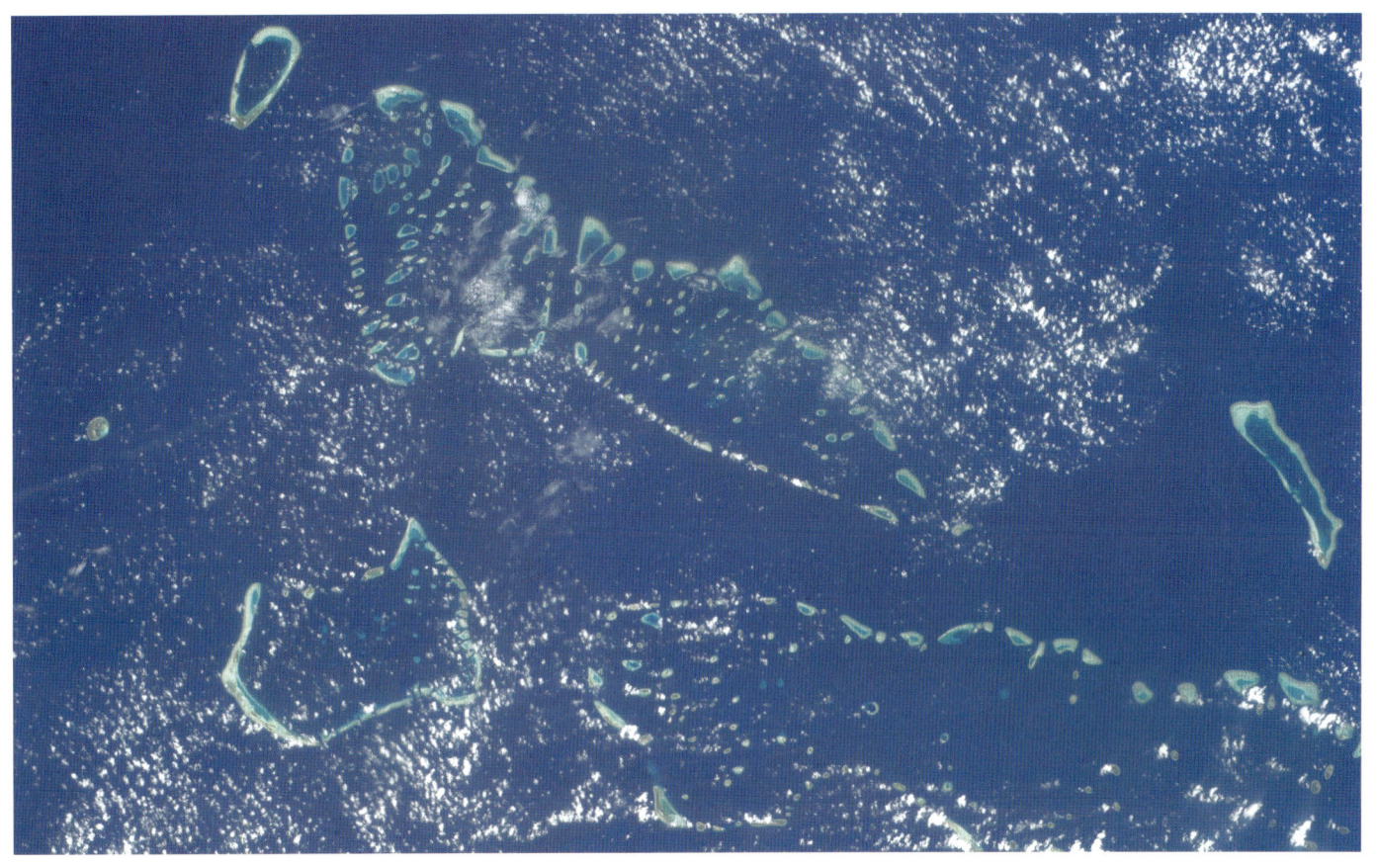

Koichi Wakata @Astro_Wakata 2014年4月22日
Stunning view of Maldives atolls earlier today.　Happy Earth Day!!
（今日見たモルディブ諸島の絶景です　ハッピーアースデイ!）

1971 Retweet　　1023 Favorite

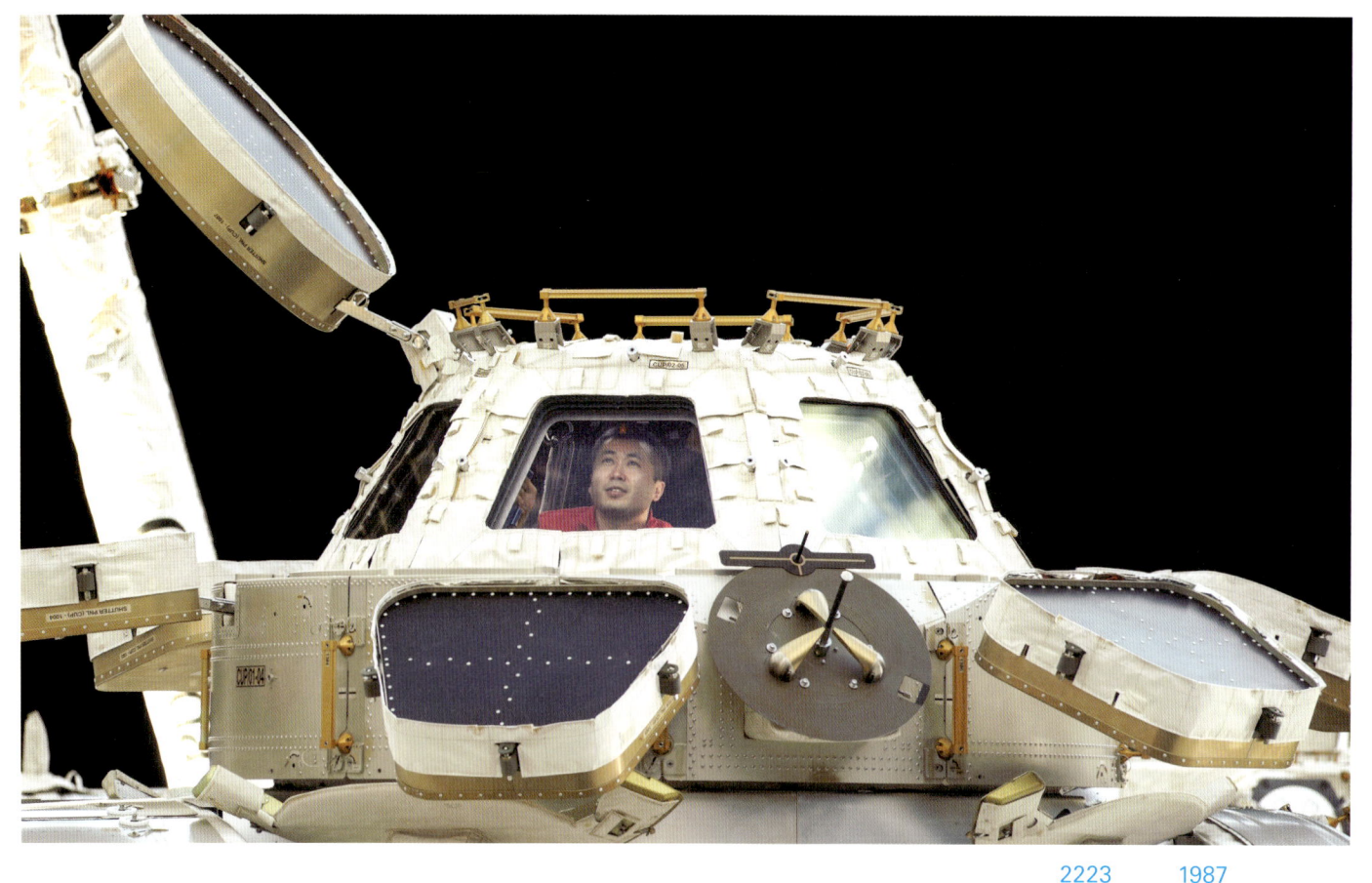

Koichi Wakata @Astro_Wakata 2014年4月27日
Cupola-we enjoy the magnificent view of our home planet looking out of this module.
(キューポラーこのモジュールの外を見て私たちの故郷の惑星の壮大な景色をお楽しみください)

2223 Retweet　1987 ★ Favorite

Episode 2

　私は、若田飛行士が第38/39次長期滞在ミッションにアサインされた後、2011年に専任FSに任命されました。専任FSとしての主な業務は2014年5月帰還後、リハビリ期間が終了するまで3年程です。特に飛行士が軌道上に行ってからは、お互いの信頼関係が大切になるので、軌道上に行く前から飛行士の様々な地上訓練や医学検査に同行しました。本番の「37 Soyuz」打ち上げ時には、数週間前から、ソユーズへ搭乗する他クルーや他国のFSらと共に、バイコヌールで合宿生活のような日々を過ごし、結束力を高めました。打ち上げ直前の夜、クルーが向かうISSを共に眺めたことはいい思い出です。

　軌道上での活躍は皆さんご存知だと思いますが、私からみた若田飛行士の責任感の強さを感じ取れるエピソードをご紹介します。船長就任後に実施した就寝時のISS見回りや、ロシア補給船の対応というのは、本来、スケジュールされているわけではなく、特記すべき事なのです。
　長期滞在時のクルーの実働タイムは1日6.5時間と決められているため、これを超えると専任FSの許可が必要です。上記の事項例は、若田飛行士の責任感の強さから発揮されたものであり、ISSを運用するための非常に重要で前向きなボランティア業務だったため、私も若田飛行士の意向を汲み協力すべく、各国の関係者とも調整を行いました。
　今回のような、若田飛行士の熱い使命感から、私もISS Commander（国際宇宙ステーションの船長）のCrew Surgeon（長期滞在中の宇宙飛行士専任医師）としての実績を残すことができました。私は、次期の油井飛行士の専任FSにも任命されましたが、山崎飛行士、若田飛行士の専任FSとしての経験を活かし、次は油井飛行士が活躍できるようサポートしていきたいと思います。

>> 松本 暁子 主任医長

第38/39次長期滞在ミッション 専任フライトサージャン(FS)。東京医科歯科大学医学部卒。専門は内科全般、神経内科。STS-131スペースシャトルミッションの際も山崎直子飛行士の専任FSを勤めた他、飛行士医学選抜、ISSミッションでの精神心理支援、栄養管理、宇宙日本食の研究開発にも携わった。

＊フライトサージャンとは、宇宙航空医学を専門とし、宇宙飛行士健康管理を担当し、医学運用・宇宙医学研究に携わる医師。

Koichi Wakata @Astro_Wakata 2014年4月27日
Flew over Tripoli, Lebanon earlier today.
（今日レバノンのトリポリ上空を通過しました）

1876 Retweet　1109 Favorite

	Koichi Wakata @Astro_Wakata 2014年5月3日
	昨日の日本列島です

1954 Retweet　714 Favorite

Koichi Wakata @Astro_Wakata 2014年5月3日
出雲市、松江市、米子市付近が写っています

1950 Retweet　1226 Favorite

Koichi Wakata @Astro_Wakata 2014年5月3日
岡山、高松、小豆島付近が写っています

1993 Retweet　1028 Favorite

Koichi Wakata @Astro_Wakata 2014年5月3日
淡路島です。鳴門大橋、明石海峡大橋も良く見えます

1967 Retweet　923 Favorite

Koichi Wakata @Astro_Wakata 2014年5月3日
阿蘇山、九重連山がはっきり見えました。宇宙ステーションの中に長くいるので、阿蘇の草千里のそよ風がとても恋しく感じられます

1967 Retweet　226 Favorite

Koichi Wakata @Astro_Wakata 2014年5月3日
福岡市上空で撮影した写真です。博多どんたくの熱気が伝わってきそうです

1944 Retweet　236 Favorite

Koichi Wakata @Astro_Wakata 2014年5月3日
昨日の大阪付近の写真です

1645 Retweet　387 Favorite

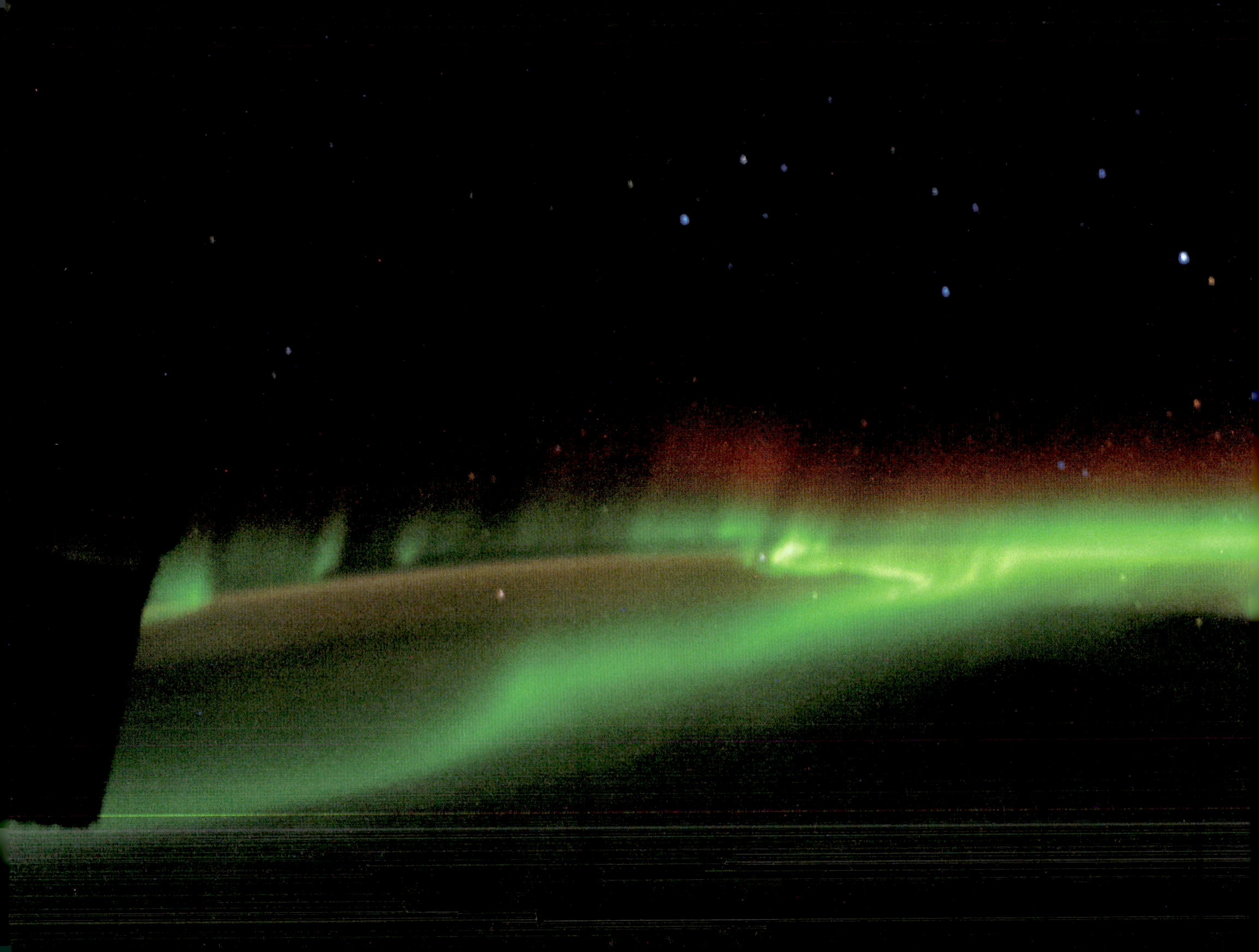

	1942	108
	Retweet	Favorite

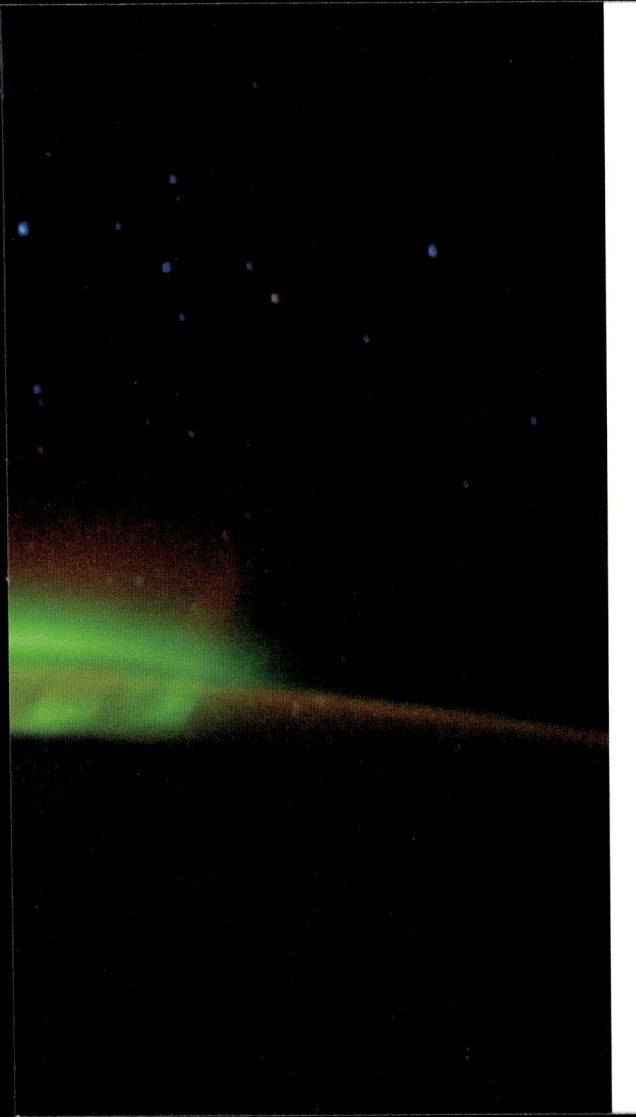

Koichi Wakata @Astro_Wakata 2014年5月4日
We see bright aurora in the last few days flying over the south of Africa.
（アフリカの南部上空を飛ぶここ数日間は、輝くオーロラを見ることができます）

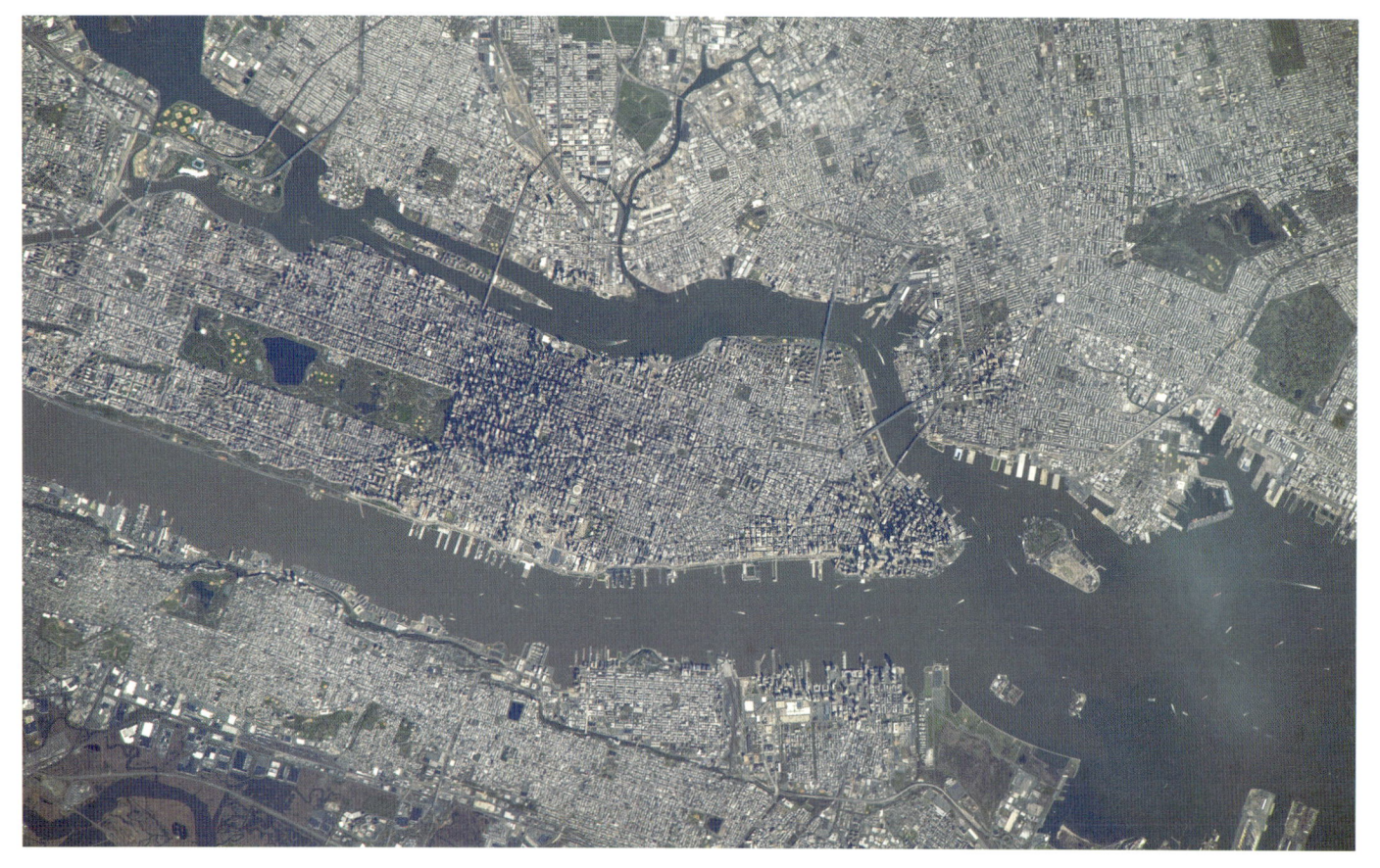

Koichi Wakata @Astro_Wakata 2014年5月6日
Nice pass over New York City.
（ニューヨークの上を通過します）

332 Retweet 2454 Favorite

Koichi Wakata @Astro_Wakata 2014年5月10日
今朝の富士山です

2310 Retweet　875 Favorite

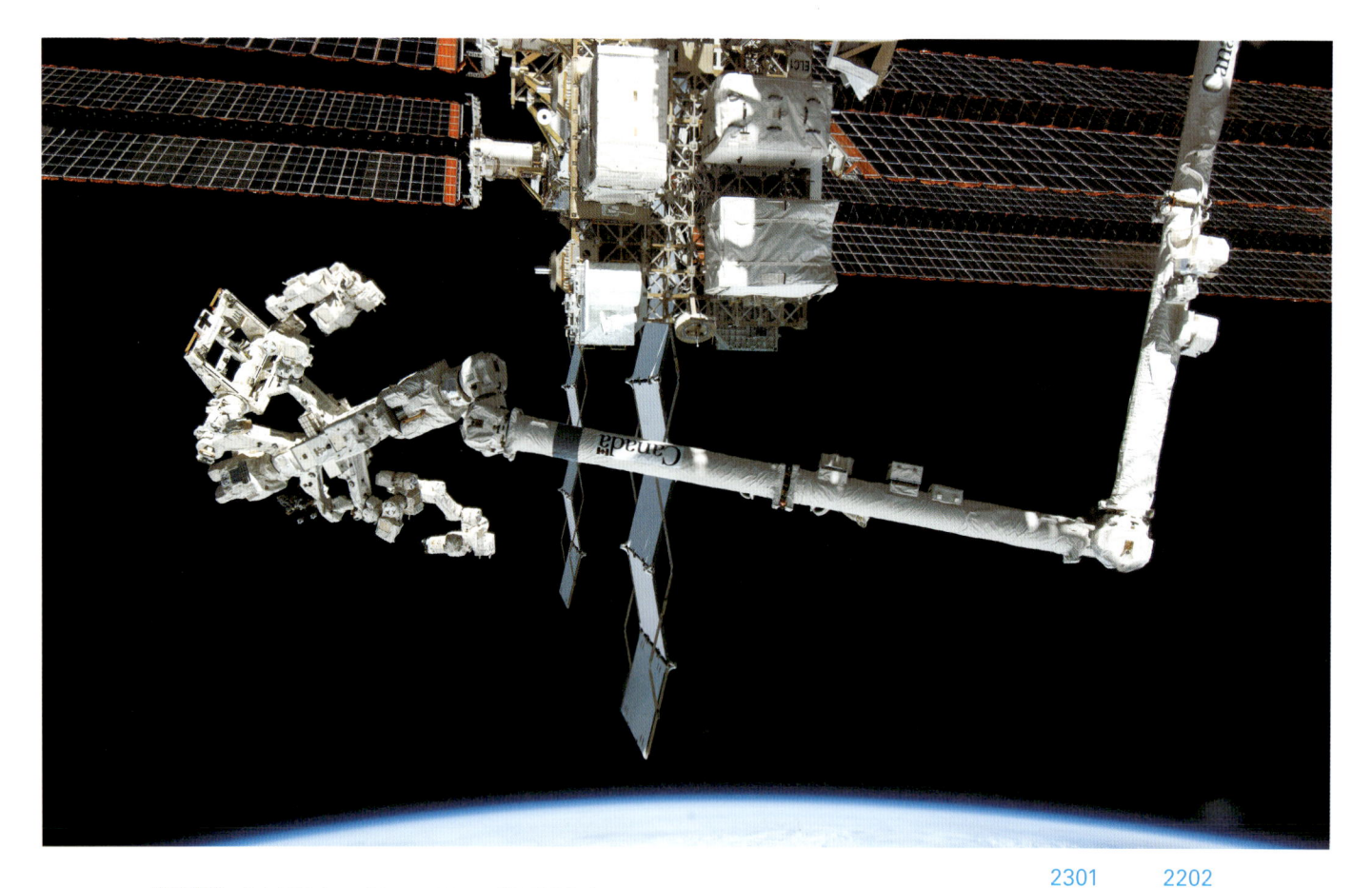

Koichi Wakata @Astro_Wakata 2014年5月10日
Canadarm2 and Dextre robotics with remote control from the ground playing a key role in installing external payloads.
（カナダアーム2とデクスター、地上から遠隔操作するロボティクスは外部実験装置取り付けの重要な役割を果たしています）

2301 Retweet　2202 Favorite

Koichi Wakata @Astro_Wakata 2014年5月10日
von Kármán vortex sheet over Cape Verde Islands. The Atlantic Ocean is a huge fluid dynamics lab.
（大西洋セネガル沖にある群島上にカルマン渦の膜がかかっています。大西洋は巨大な流体力学研究所です）

1986 Retweet　1111 Favorite

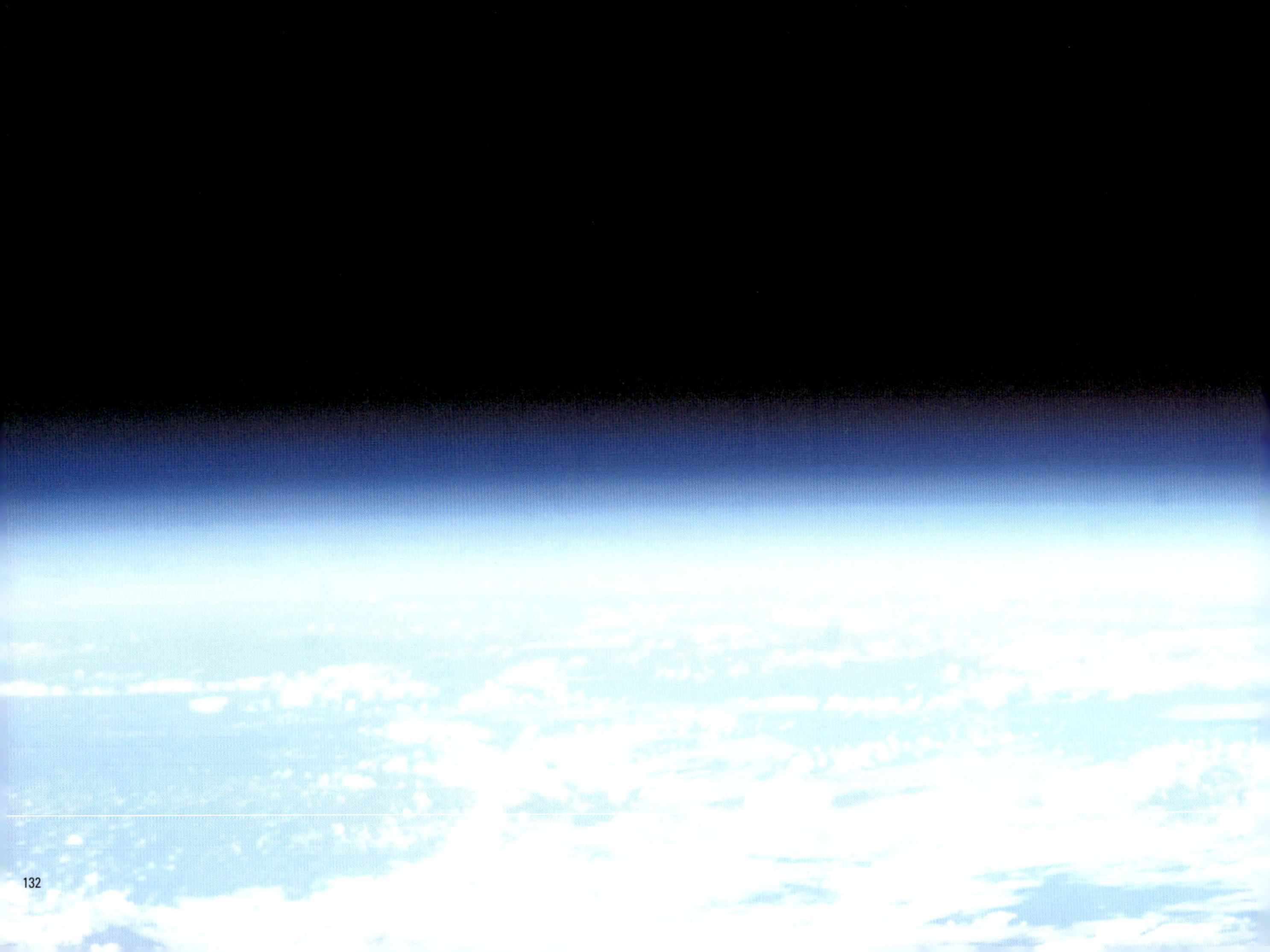

Koichi Wakata @Astro_Wakata 2014年5月13日
今日ISSを発ち、地球に帰還します。暗黒の宇宙に浮かぶこの青く美しい惑星が故郷であることを有難く感じます。半年間の滞在中応援有難うございました

12000 Retweet　12654 Favorite

おわりに

　滞在中にUPしたtwitter写真の数々を振り返ると、長い文章の日記を書いたわけではないのに、その時々に自分が何を考え、何を感じながら宇宙での日々を過ごしていたのかが昨日の事のように瞬時に蘇り、また、188日間に渡る宇宙飛行を終えたばかりなのに、既に懐かしくも感じられます。

　2014年7月に、約1年ぶりに日本へ帰国し、宇宙飛行の報告を行いましたが、2024年までのISS計画参加延長や、その先の月、火星探査に向けた熱い議論にも参加させて戴きました。日本実験棟「きぼう」や、宇宙ステーション補給機「こうのとり」の開発チーム、それを運用するつくばを中心とする運用管制チーム、宇宙環境を利用して世界的にも先端的な実験や観測を次々に実施してきた研究者の方々、そして数々の宇宙飛行を成功裏に遂行してきた日本人宇宙飛行士達を含む運用チーム全体の皆さんの活躍を通して、有人宇宙開発の分野でも日本は世界から信頼される世界最高水準の技術、組織力、人材を確立するに至りました。ISSは日本を始め世界15カ国の国際協力の下で運用を進めている宇宙環境を利用した、優れた実験・観測施設であり、更に広い分野での利用が進むことを期待します。日本が獲得してきた総合的な宇宙技術を活かし、ISS計画の先の地球低軌道以遠への有人探査においても、世界に信頼される科学技術立国としてさらに主体的に貢献していけることを願ってやみません。

　自分がこの地球に生を受けて半世紀が過ぎました。現役宇宙飛行士の視点をもって関わっていくことで、日本の有人宇宙活動の発展に寄与できるところがあると思います。もちろん、再度、宇宙飛行士として飛ぶ機会があれば、挑戦していきたいですが、JAXAの新人飛行士3人が安全に宇宙飛行を遂行するための支援を確実に行うこと、そして、第2、第3のISSコマンダーを日本から出していくことが、私が目指す直近の目標です。

　この宇宙滞在での画集をまとめるにあたって、お世話になったX-Knowledgeの佐々木優さん、峯山麻衣子さん、JAXAやNASAを初めとする宇宙機関の訓練担当や地上管制官の皆さん、そして地球上から変わらずミッションを応援して下さった皆さん、
本当にどうもありがとうございました。

JAXA宇宙飛行士　若田光一

写真出典 JAXA / NASA
Ⓒ宇宙航空研究開発機構,2015

若田光一の絶景宇宙写真とソラからの便り

2015年4月15日　初版第1刷発行

発行者　　澤井聖一

発行所　　株式会社エクスナレッジ
　　　　　〒106-0032
　　　　　東京都港区六本木7-2-26

問合せ先　編集
　　　　　TEL:03-3403-1381
　　　　　FAX:03-3403-1345
　　　　　info@xknowledge.co.jp
　　　　　販売
　　　　　TEL:03-3403-1321
　　　　　FAX:03-3403-1829

無断転載の禁止
本書掲載記事(本文、図表、イラスト等)を当社および著作権者の許可なしに無断で転載(翻訳、複写、データベースへの入力、インターネットでの掲載等)することを禁じます。